小柴　昌俊

ようこそ
ニュートリノ
天体物理学へ

☆

海鳴社

ノーベル物理学賞受賞の意義

二〇〇二年のノーベル物理学賞はニュートリノ天体物理学を開拓された小柴昌俊先生が受賞されることになった。物理学、特に素粒子論に関わってきた者にとって、また大学紛争を経験した我々の世代にとって、今回の受賞の意義は大きい。なぜなら、ノーベル賞＝物理学賞＝湯川秀樹と朝永振一郎＝素粒子論の空気を満喫しながら育ってきた。にもかかわらず、その後は長く素粒子論の分野での受賞から遠ざかり、物理学賞では半導体トンネル効果を最後にゼロ行進が続いた。

その間、文学賞や医学生理学賞さらには今年で三年連続となる化学賞が授与され、ノーベル賞イコール物理学賞という空気は消し飛んだ。

これに呼応するかのように、それまで自他共に認めていたアカデミズムにおけるいわゆる物理帝国主義が崩れ去り、どの大学でも入試成績上位でなければ入れなかった物理学科が理学部のお荷物になろうとしている。反面、ノーベル化学賞や医学生理学賞受賞者を擁する生命科学分野

岡山県里庄町仁科記念館にて、仁科芳雄・湯川秀樹・朝永振一郎の写真をごらんになっている小柴昌俊先生
(2001.7.28　撮影：笠原良一)

の人気は鰻登り。役に立つ応用が目白押しだし、米国に特許を独占されてはならじと国の大型研究プロジェクトも研究費も大盤振る舞い。それも基礎研究より応用研究が重視される。いや、基礎研究も奨励しているとはいうが、そこでいう基礎研究とは応用のための基礎研究であり、湯川・朝永に匹敵する純粋な基礎研究ではない。こんな空気を吸わされている世代の中から、果たして将来社会の役に立たない素粒子論を研究しようという若者が出てきてくれるはずもない。

そんな重苦しい雰囲気を払拭してくれたのは、二週間前に飛び込んだ小柴先生ノーベル物理学賞受賞のニュースだった。テレビカメラの前で臆することなく大学時代の悪い成績を披露し、神岡鉱山跡に作り上げたニュートリノ検出装置にまつわる苦労談や失敗談を語る。しかし、その笑顔の奥に先生の素粒子論あるいはそれを応用した天体物理学に対する情熱とこだわりを見た人は少なくなかったのではないだろうか。

国からの研究予算ではとうていできないと思えば、検出器を製作する浜松ホトニクスを訪ね、まるで子どものようにねだる。素粒子論を応用した新しいニュートリノ天体物理学を生み出したいという純粋な一心からだが、それに動かされた晝馬輝夫社長は大損をしながらも作り続けた。そして検出装置カミオカンデが完成したのだ。そこからの波瀾万丈の話は……、そう小柴先生が本文で大いに語ってくださる。

さあ、眼をカッと見開いてページをめくろう。ノーベル賞科学者の頭の中は見えないけれど、湯川・朝永両博士に続く素粒子論の分野でノーベル物理学賞を受賞した小柴昌俊先生が心血を注いで生み出されたニュートリノ天体物理学という新しい学問の面白さは読み取れるはずだ。

世の中の役に立たなくても、人類の福祉のためでなくても、大自然の不思議への純粋な興味を持ち続けることが立派に役に立つということも。そう、人類の知性を高めることに大いに役立ったのだから。

二〇〇二年十月

保江 邦夫

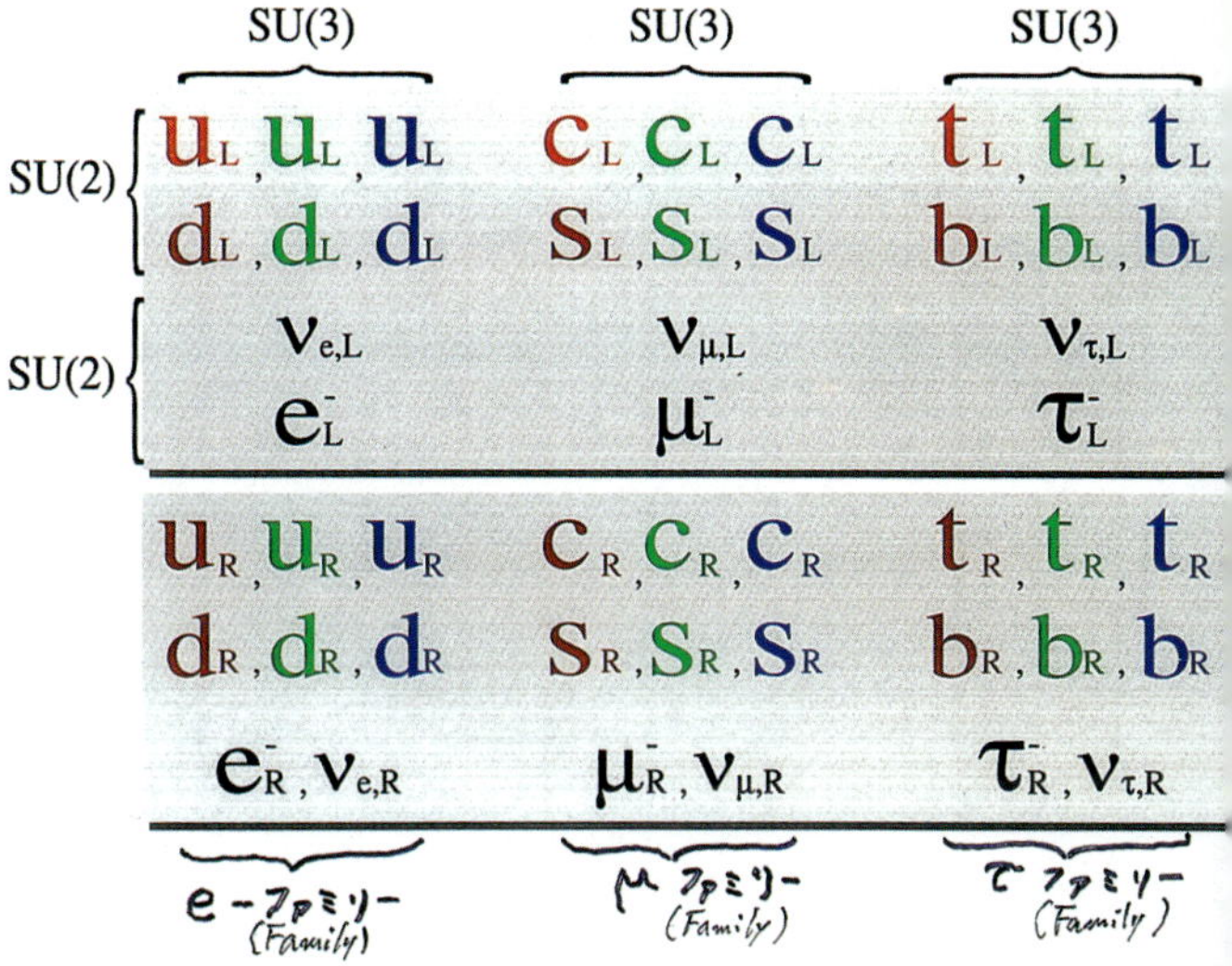

1

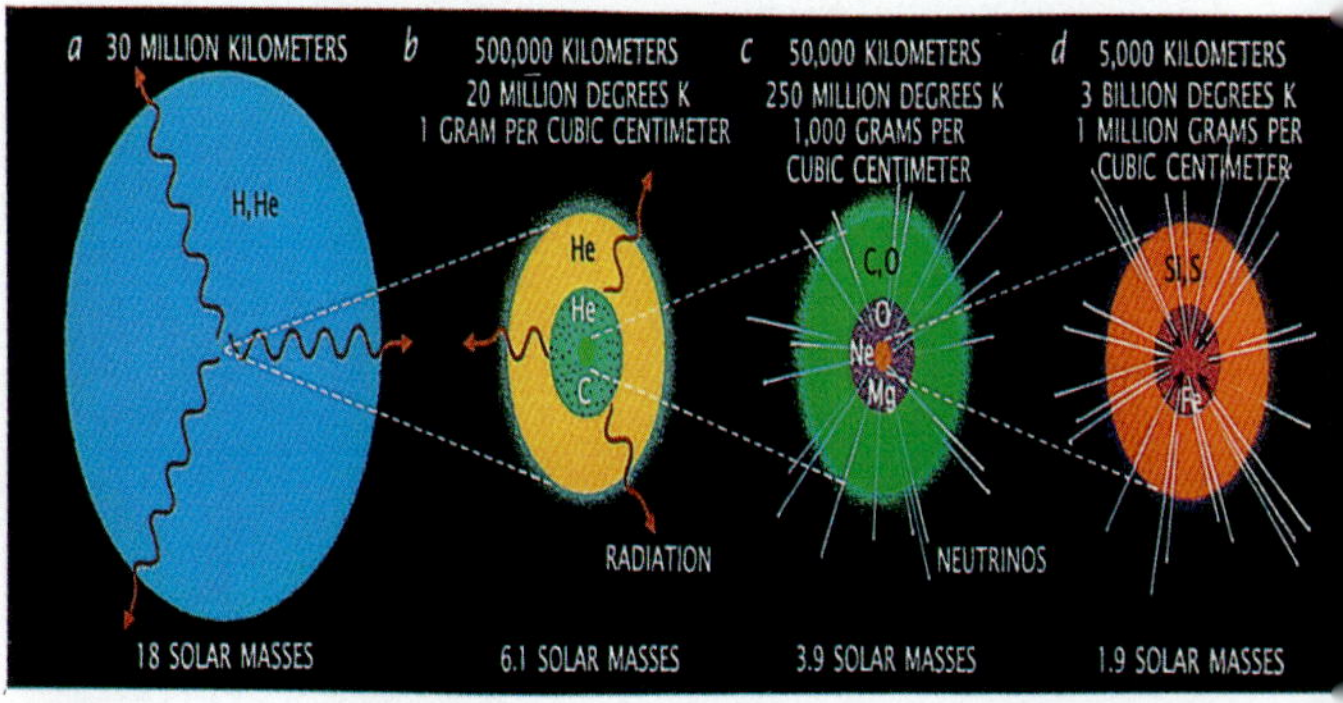

2

by S. Woosley

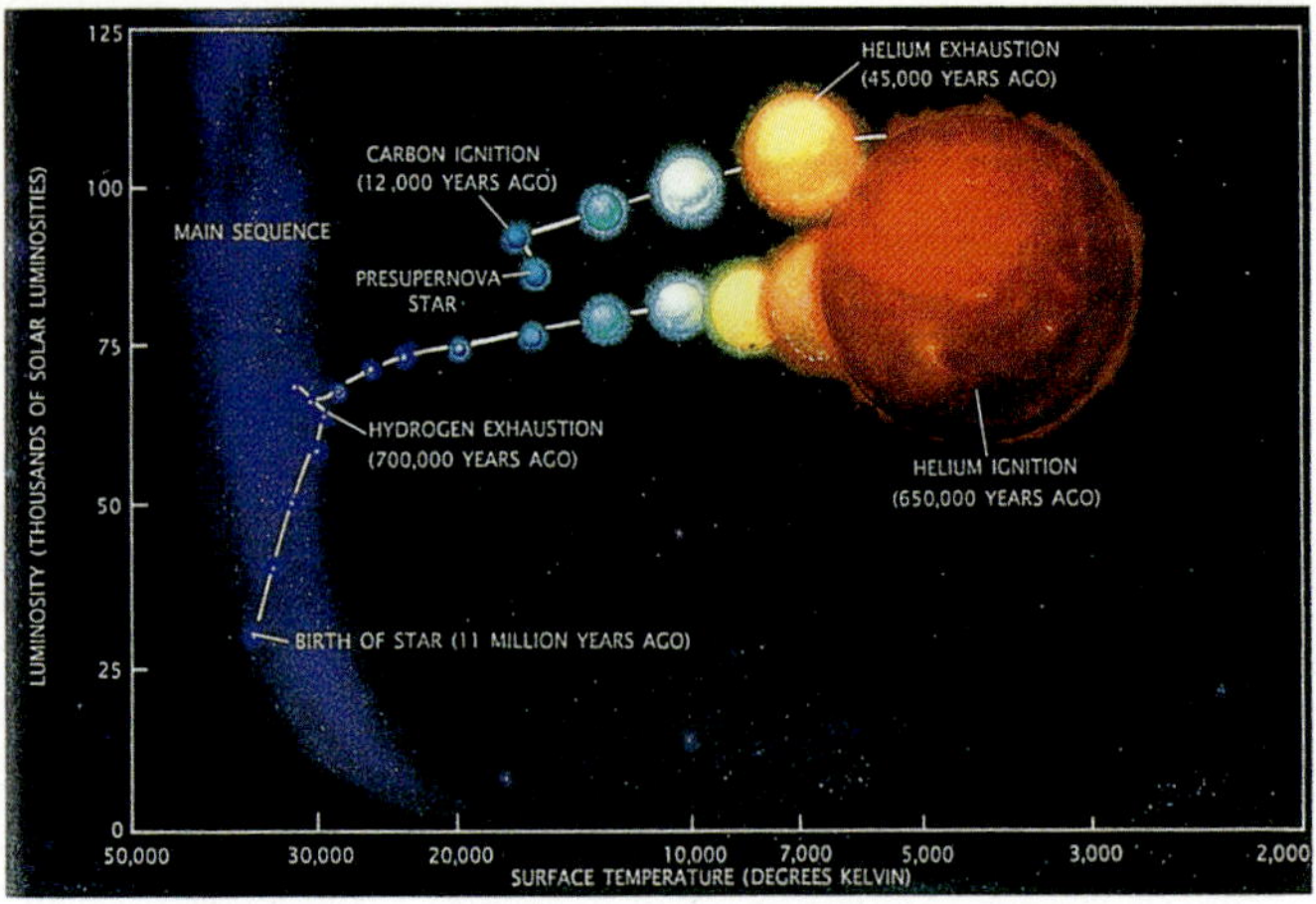

by S. Woosley

3

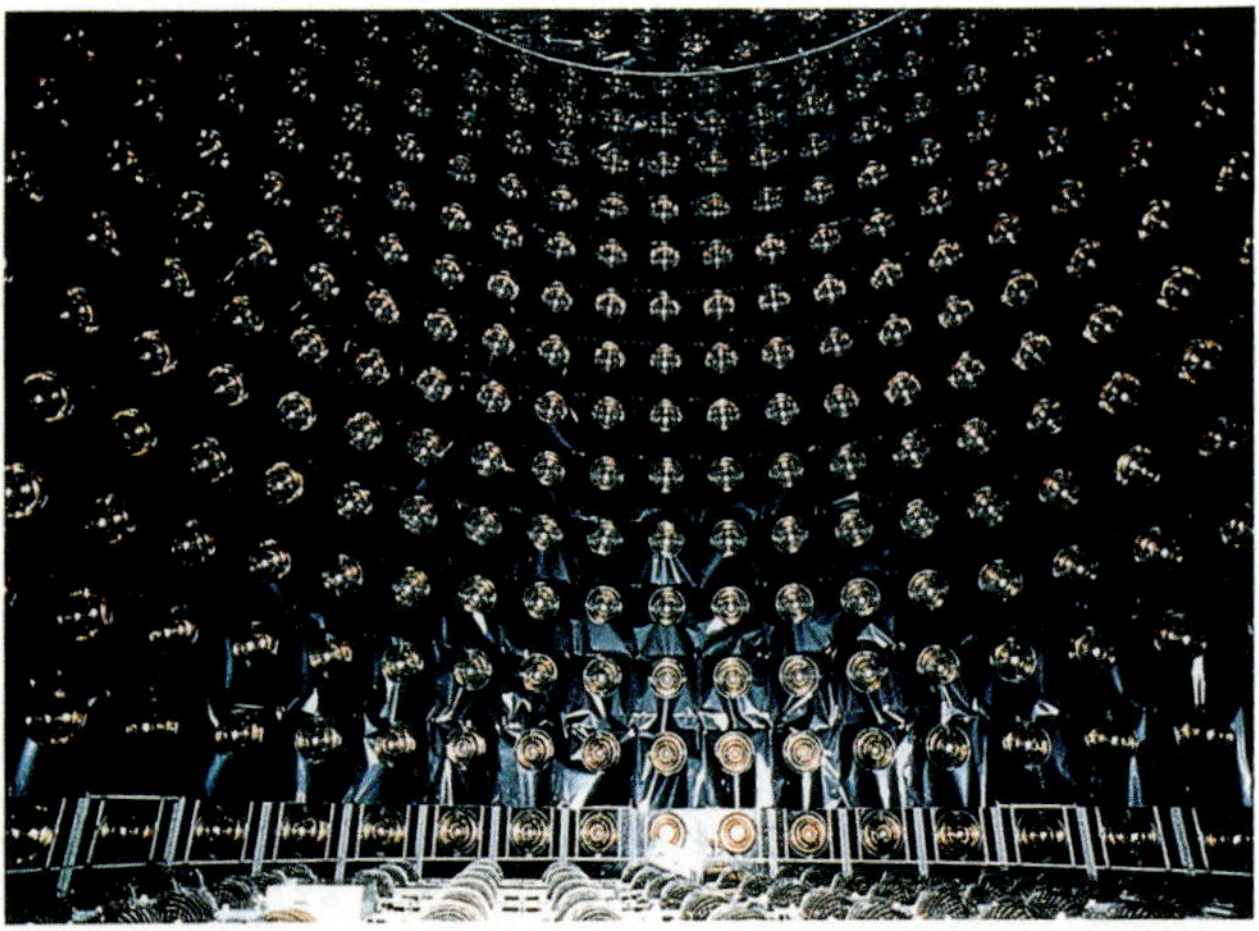

4

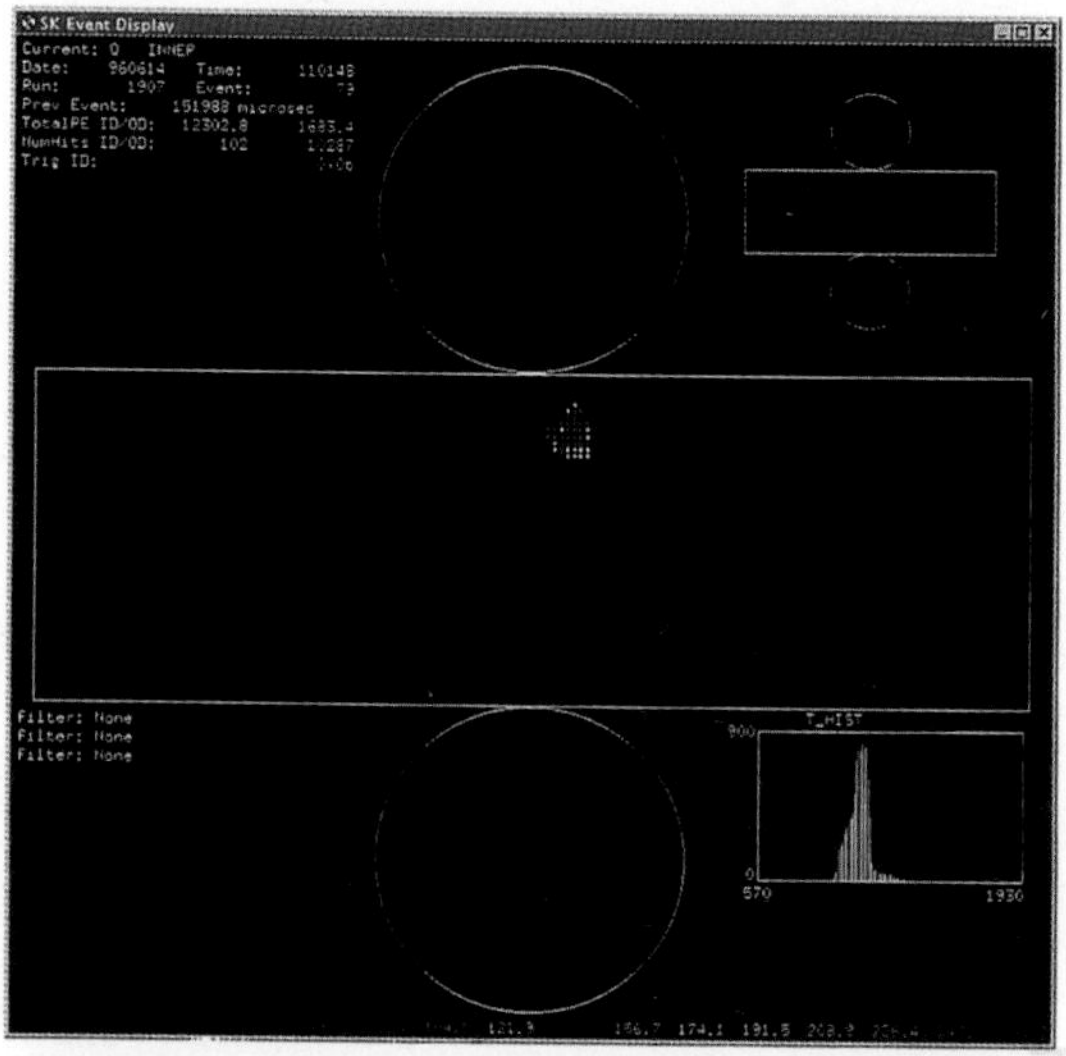
SK Event Display
Filter: None
Filter: None
Filter: None
T_HIST

5a

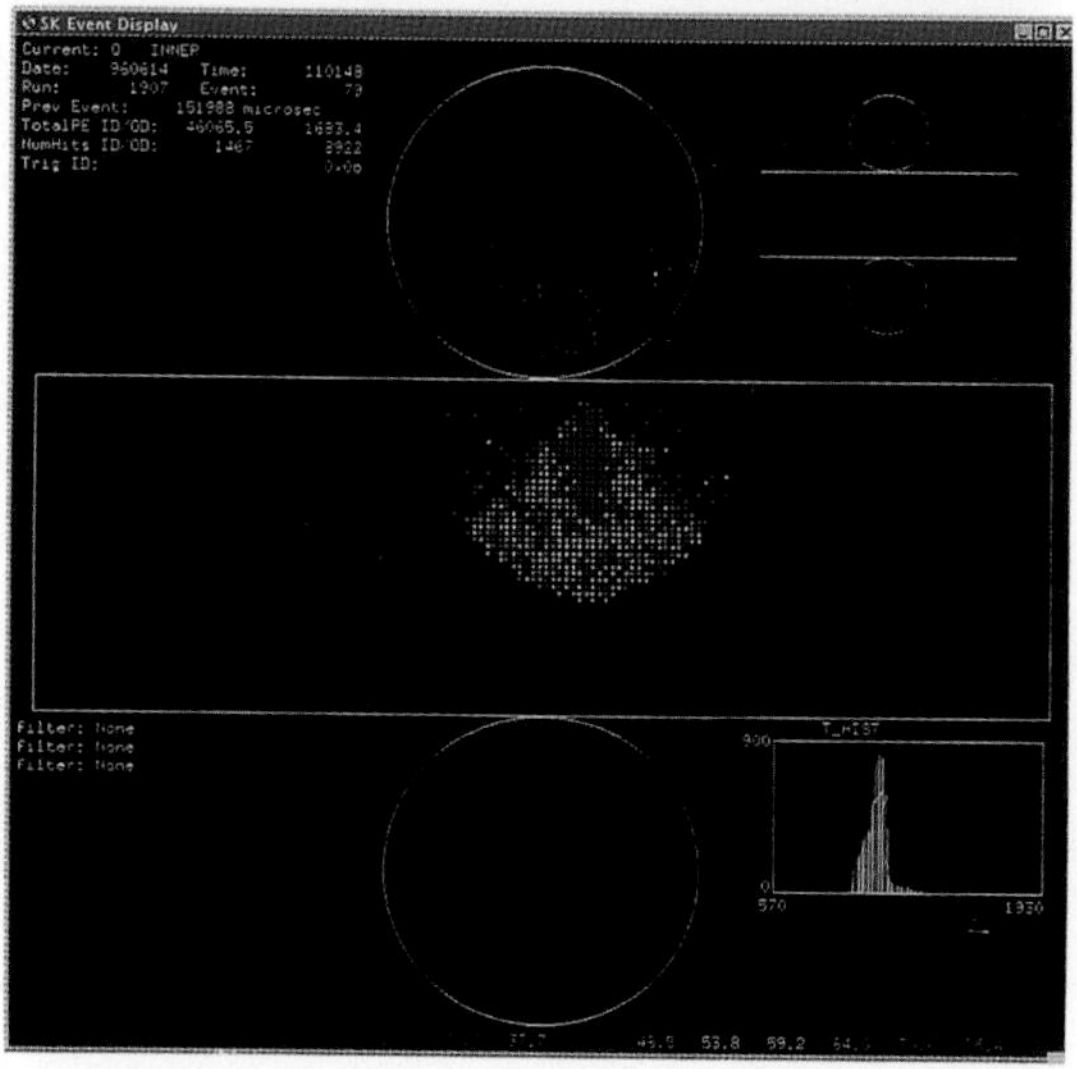
SK Event Display
Filter: None
Filter: None
Filter: None
T_HIST

5b

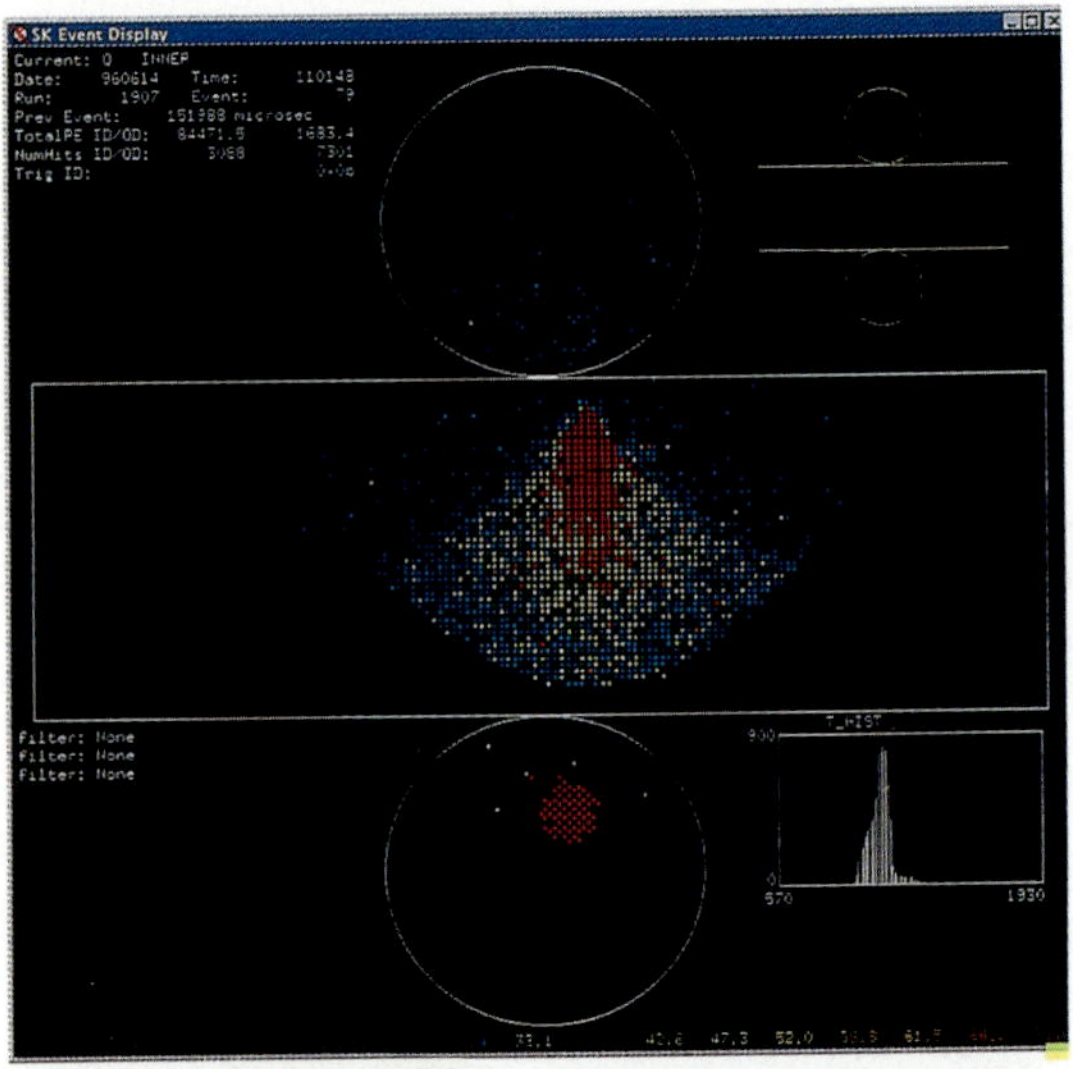
SK Event Display
Current: 0 INNER
Date: 960614 Time: 110148
Run: 1907 Event:
Prev Event: 151988 microsec
TotalPE ID/OD: 84471.5 1683.4
NumHits ID/OD: 3068
Trig ID:
T_HIST
Filter: None
Filter: None
Filter: None
570
1930

5c

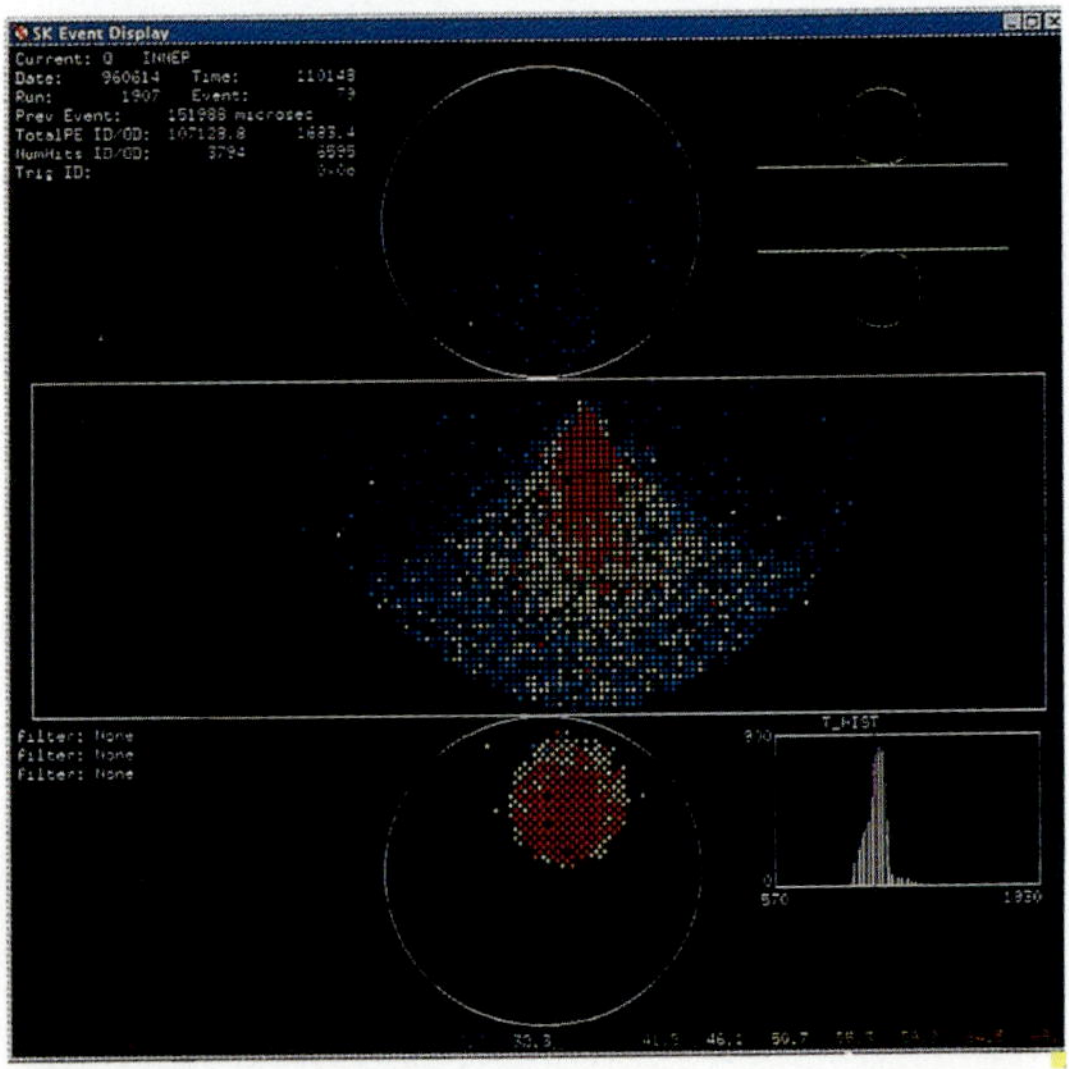
SK Event Display
Current: 0 INNER
Date: 960614 Time: 110148
Run: 1907 Event:
Prev Event: 151988 microsec
TotalPE ID/OD: 107128.8 1683.4
NumHits ID/OD: 3794 6595
Trig ID:
T_HIST
Filter: None
Filter: None
Filter: None
570
1930

5d

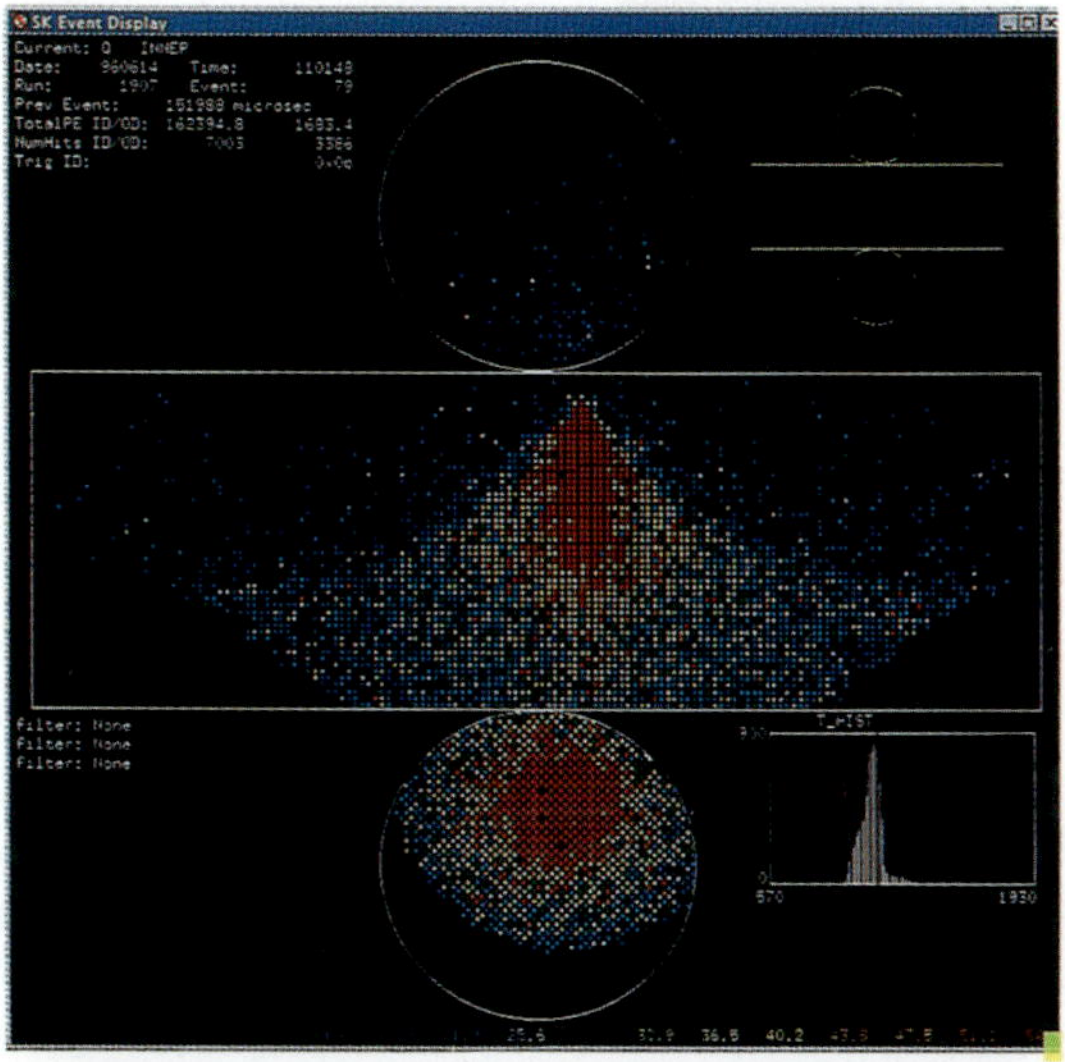
SK Event Display
Current: 0 INNER
Date: 960614 Time: 110148
Run: 1907 Event: 79
Prev Event: 151988 microsec
TotalPE ID/OD: 162394.8 1683.4
NumHits ID/OD: 7003 3386
Trig ID: 0x0b
Filter: None
Filter: None
Filter: None
T_HIST
570
1930

5e

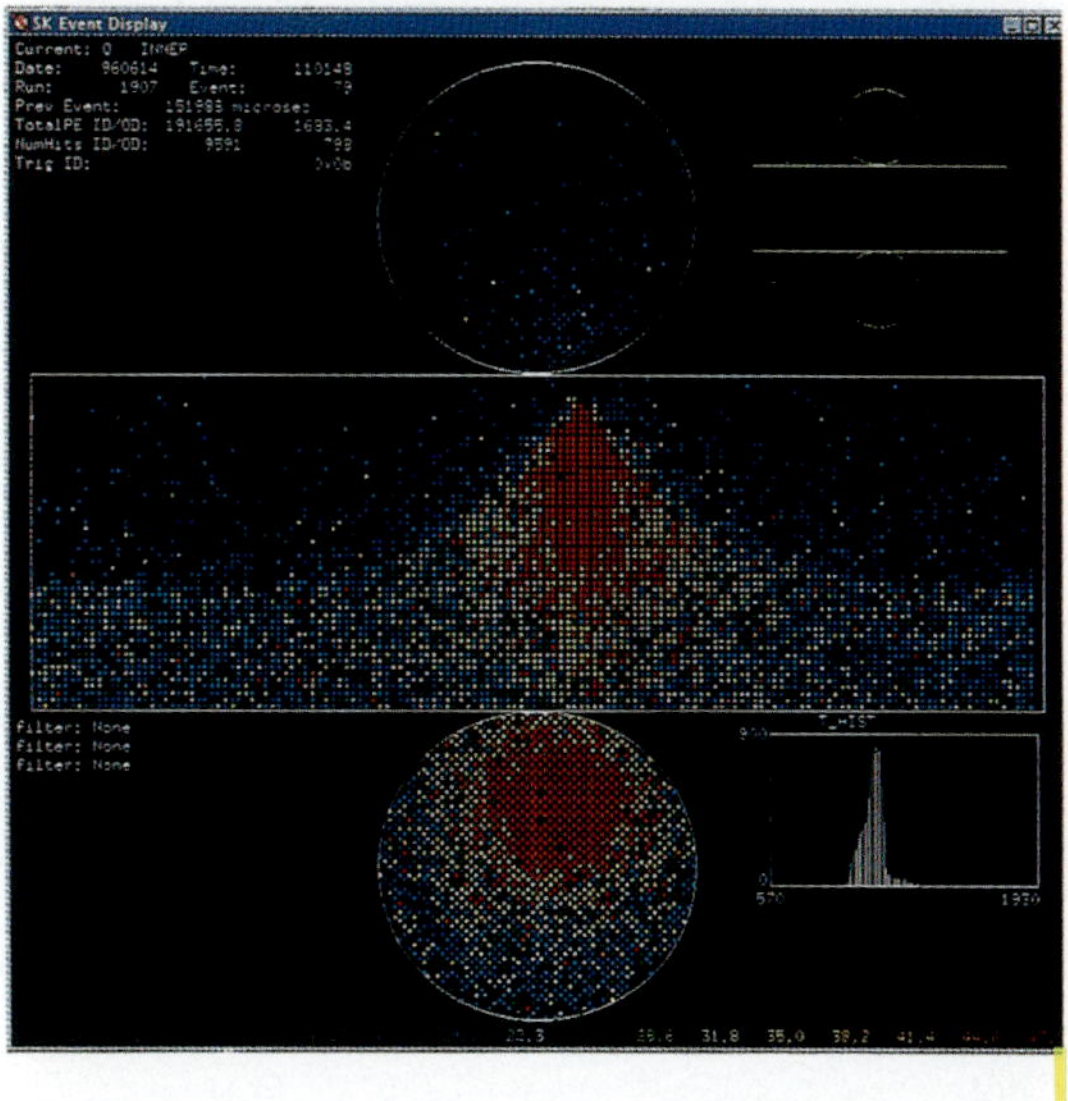
SK Event Display
Current: 0 INNER
Date: 960614 Time: 110148
Run: 1907 Event: 79
Prev Event: 151988 microsec
TotalPE ID/OD: 191655.8 1683.4
NumHits ID/OD: 9591 798
Trig ID: 0x0b
Filter: None
Filter: None
Filter: None
T_HIST
570
1930

5f

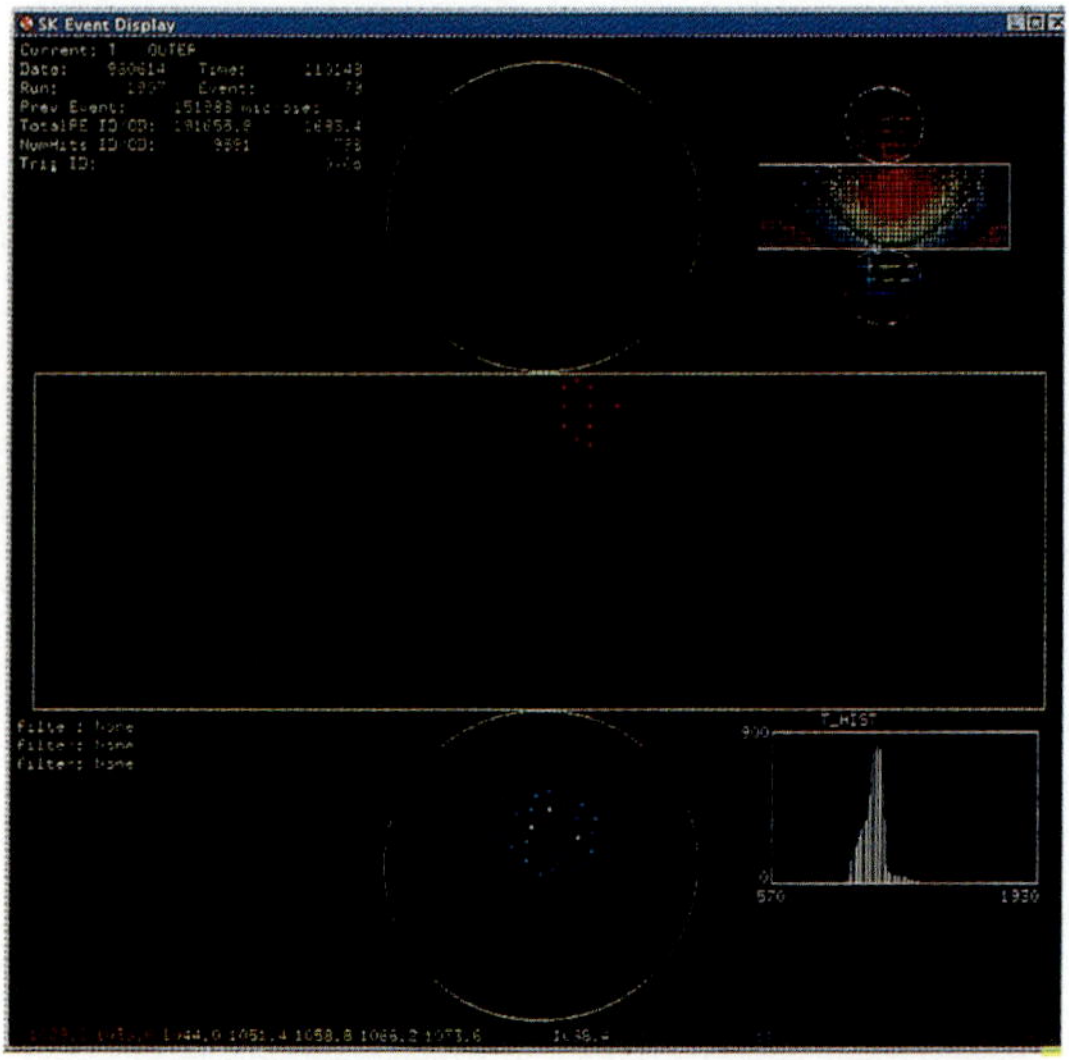
SK Event Display
Current: 1
Date:
Time:
Run:
Event:
Prev Event:
TotalPE ID OD:
NumHits ID OD:
Trig ID:
T_HIST
900
570
1930

5g

6

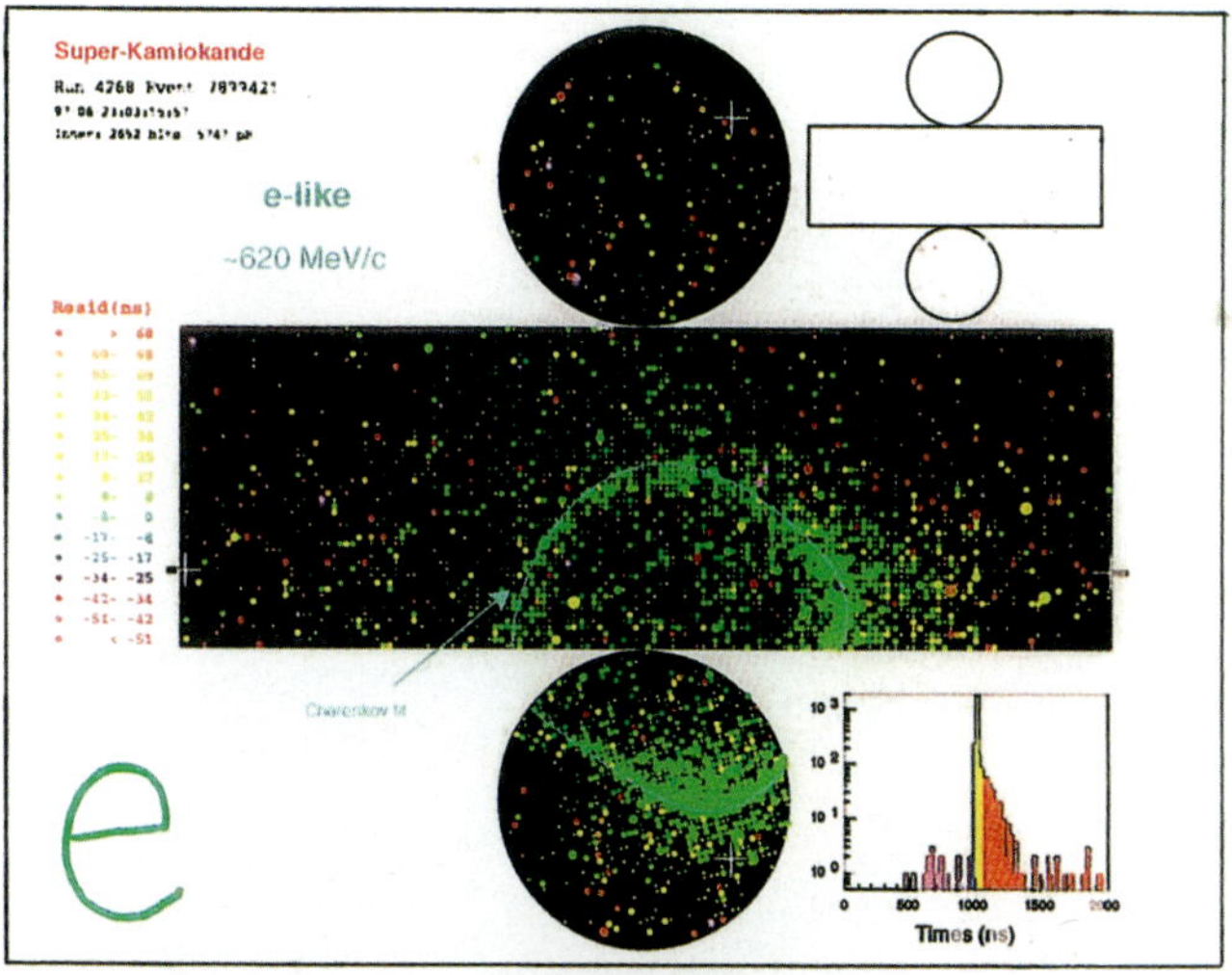
Super-Kamiokande
e-like
~620 MeV/c
Resid(ns)
Times (ns)

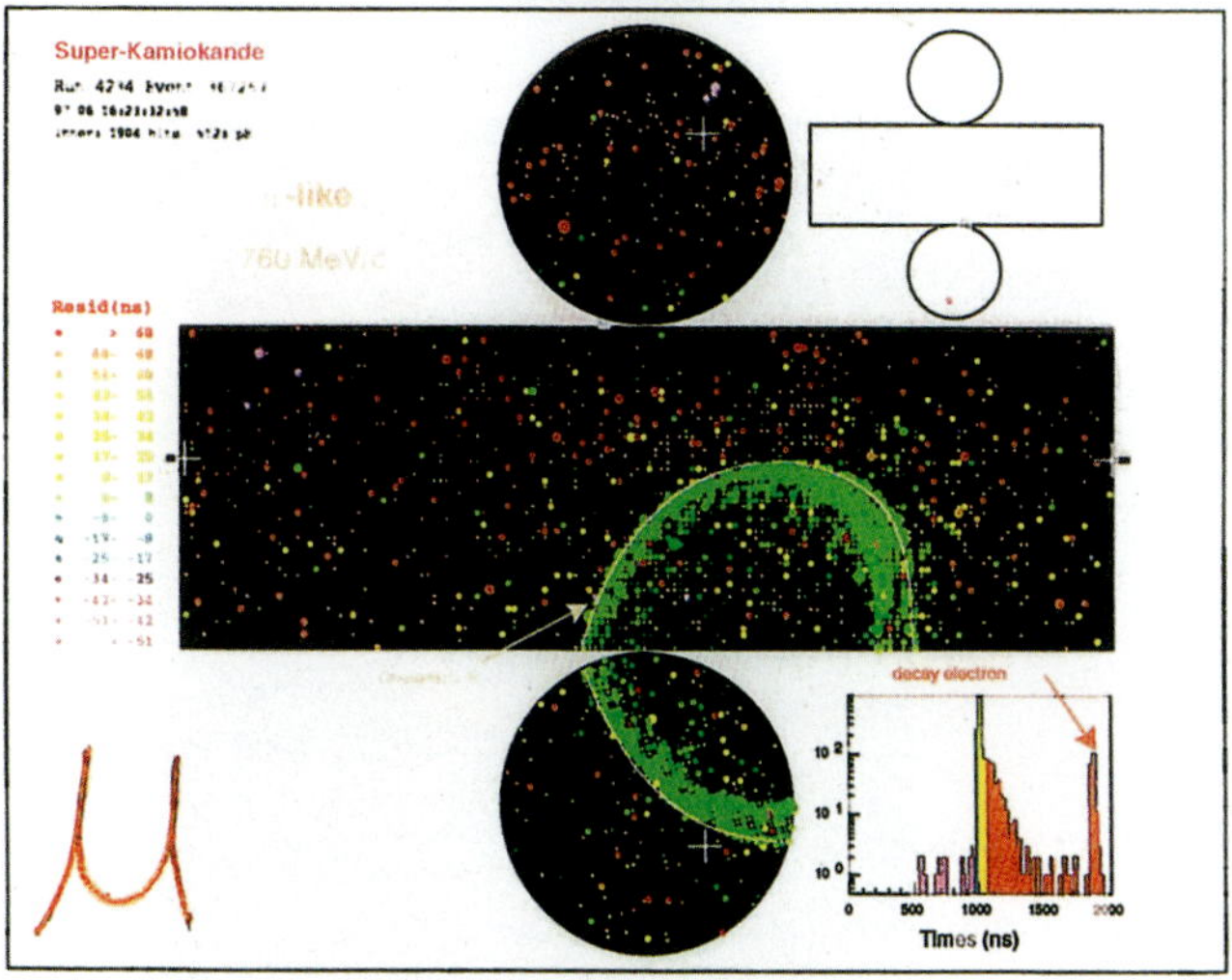
Super-Kamiokande
Resid(ns)
decay electron
Times (ns)

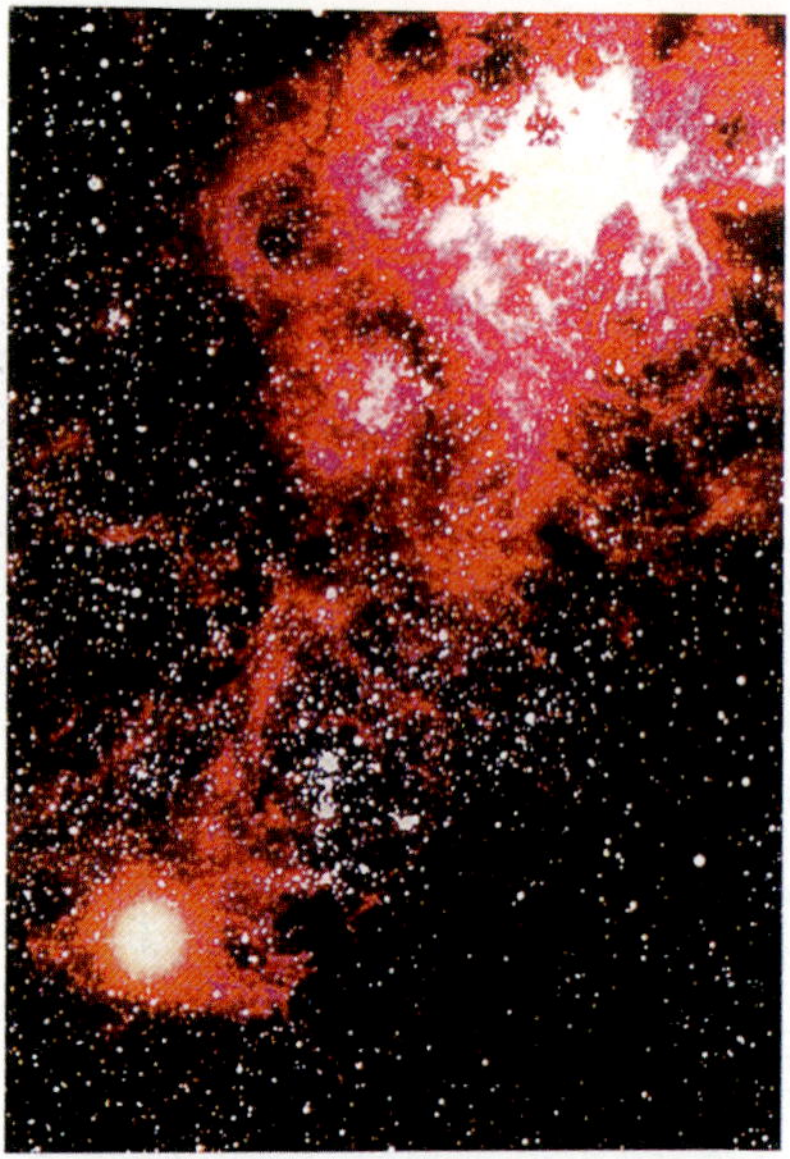

8a

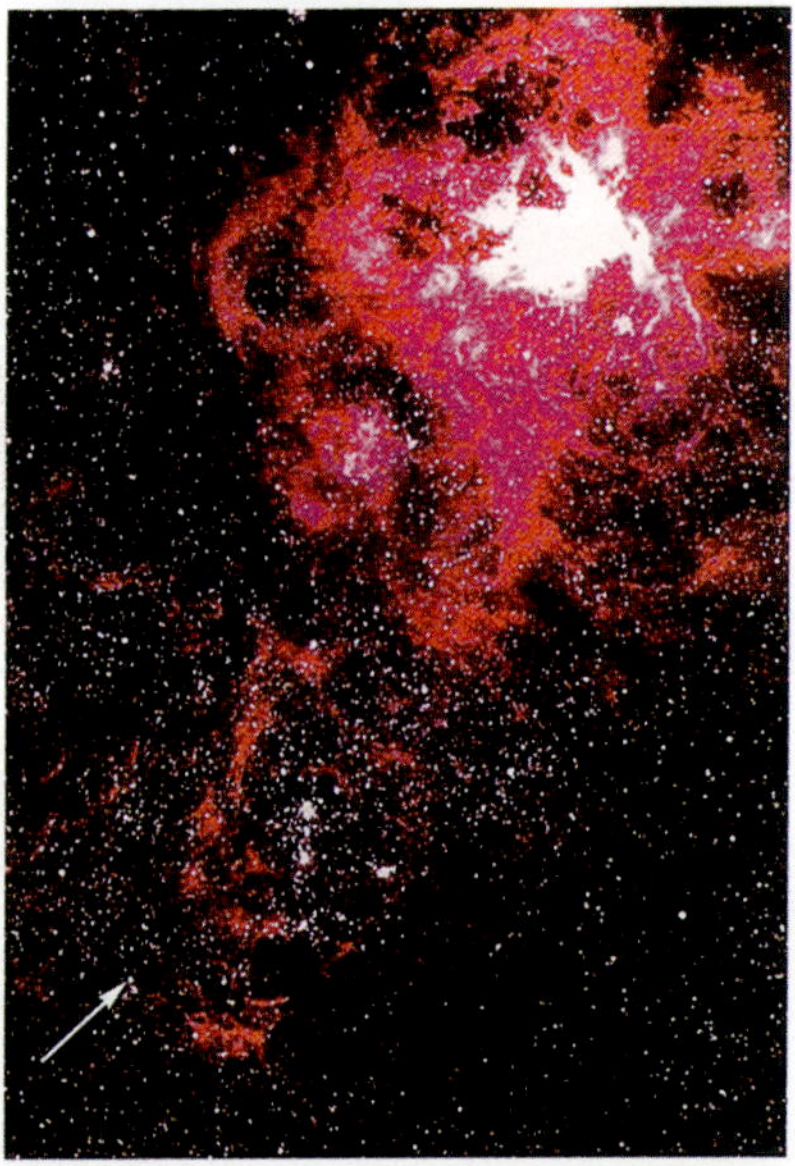

8b

Solar Neutrinos

Standard Solar Model (SSM)

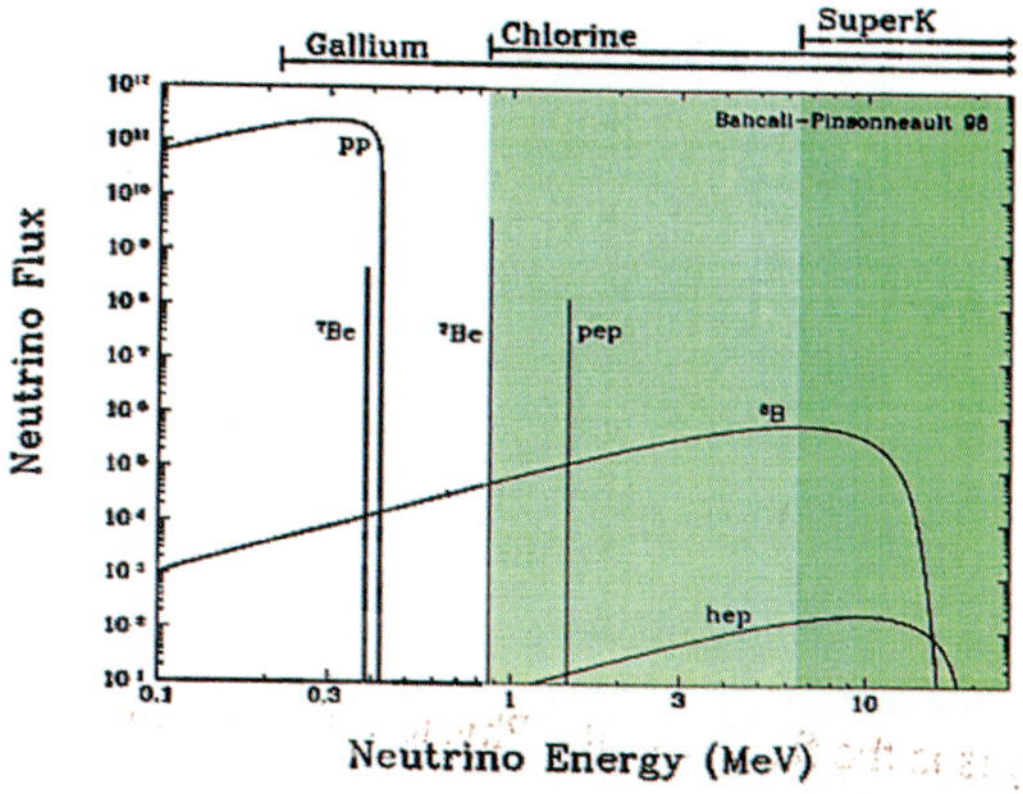

http://www.sns.ias.edu/~jnb/

Solar Neutrino Experiments

	Target	Data / SSM (BP98)
· Homestake	^{37}Cl	0.33 ± 0.03
· Kamiokande	e^- (water)	0.54 ± 0.07
· SAGE	^{71}Ga	0.52 ± 0.06
· GALLEX	^{71}Ga	0.59 ± 0.06
· SK	e^- (water)	0.475 ± 0.015

Direction to the Sun

May 31, 1996 - Apr.24, 2000

1117 days

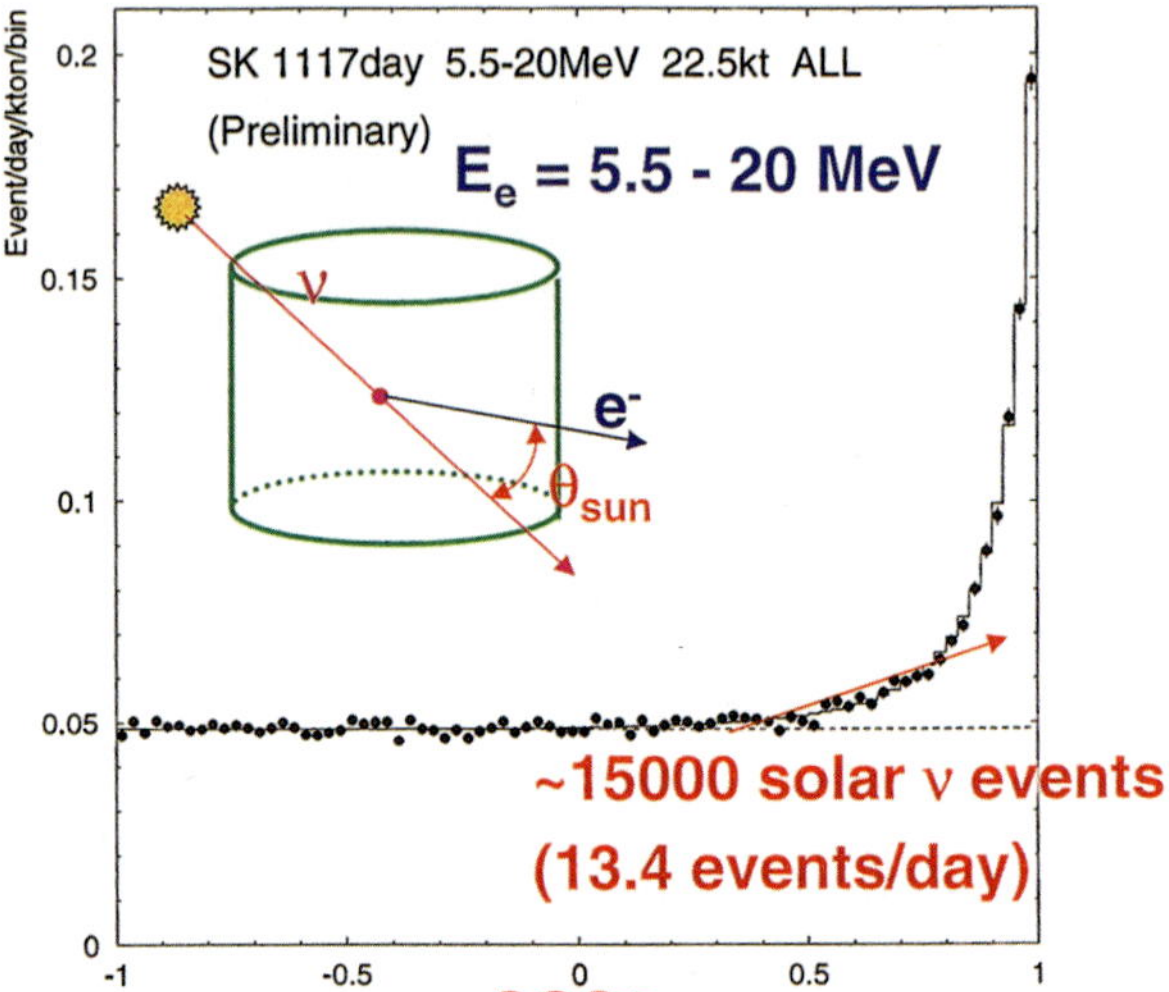

$\cos\theta_{sun}$

^{8}B flux : $2.40 \pm 0.03 \,^{+0.08}_{-0.07}$ [x 10^6 /cm^2/sec]

$$\frac{\text{Data}}{\text{SSM(BP98)}} = 0.465 \pm 0.005 \,^{+0.015}_{-0.013}$$

Energy Spectrum

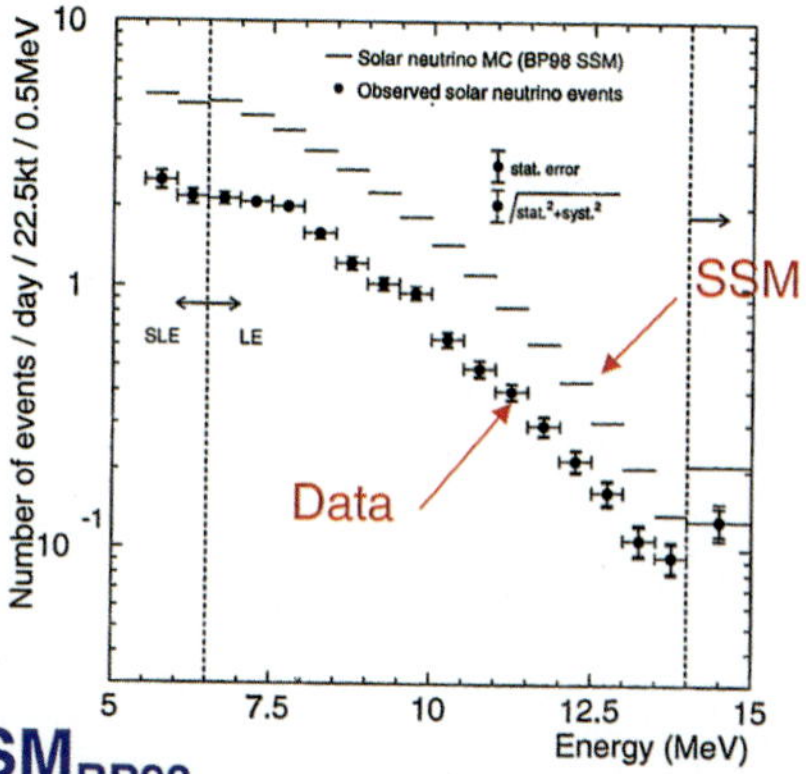

Data/SSM$_{BP98}$

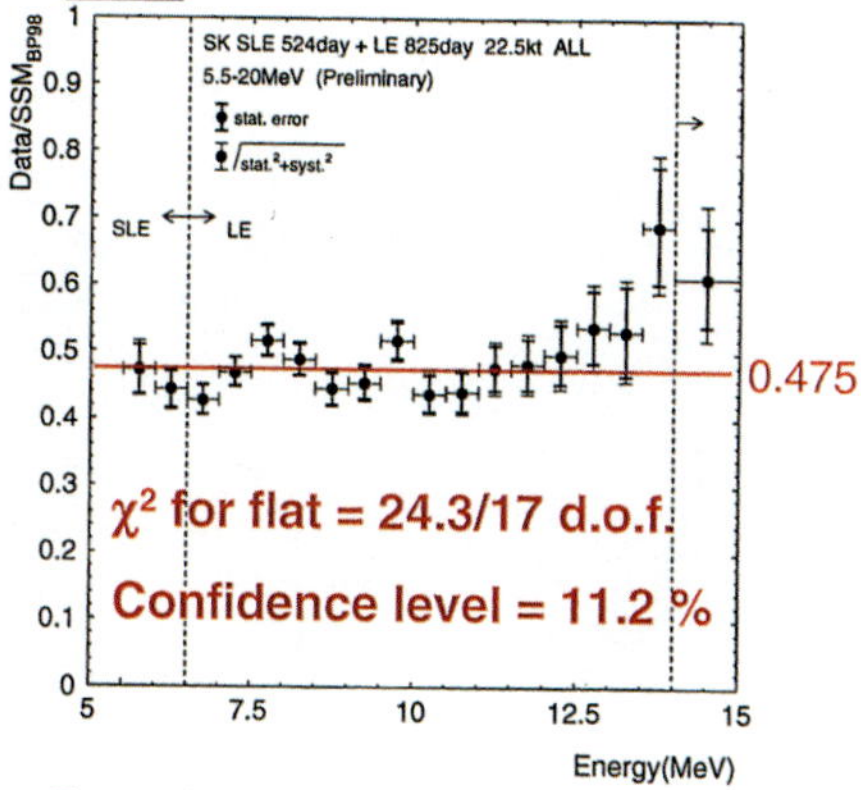

Is there distortion ?

The Sun by Neutrinograph

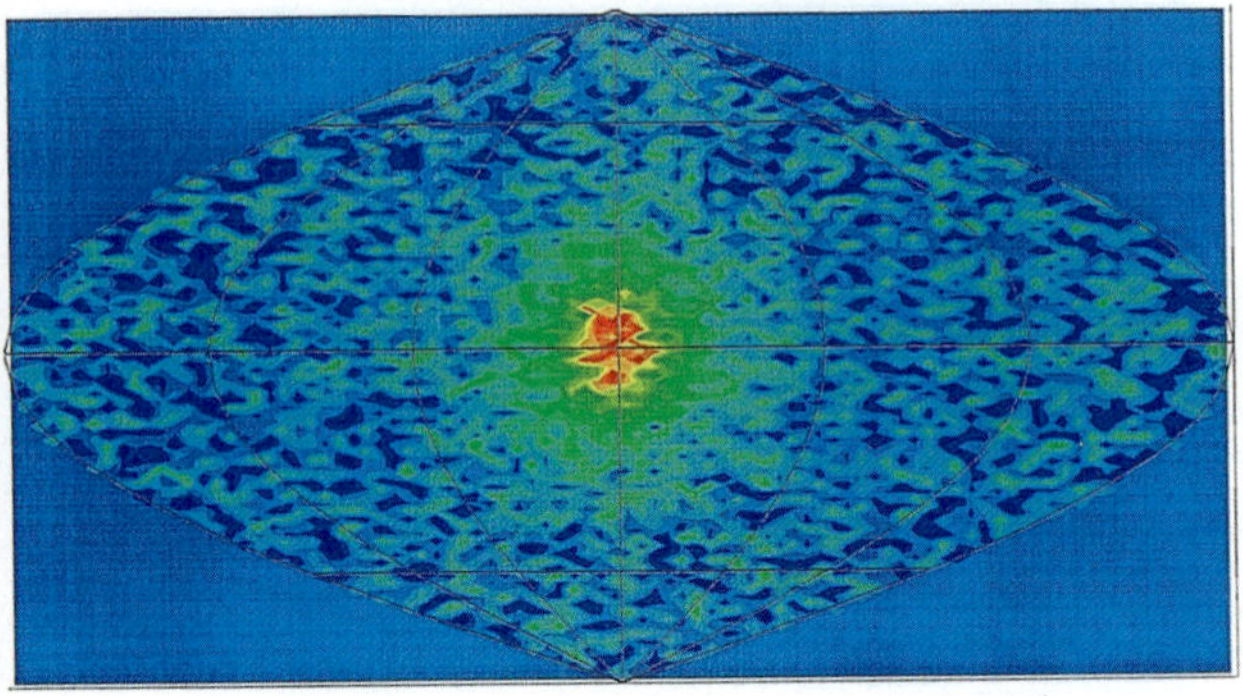

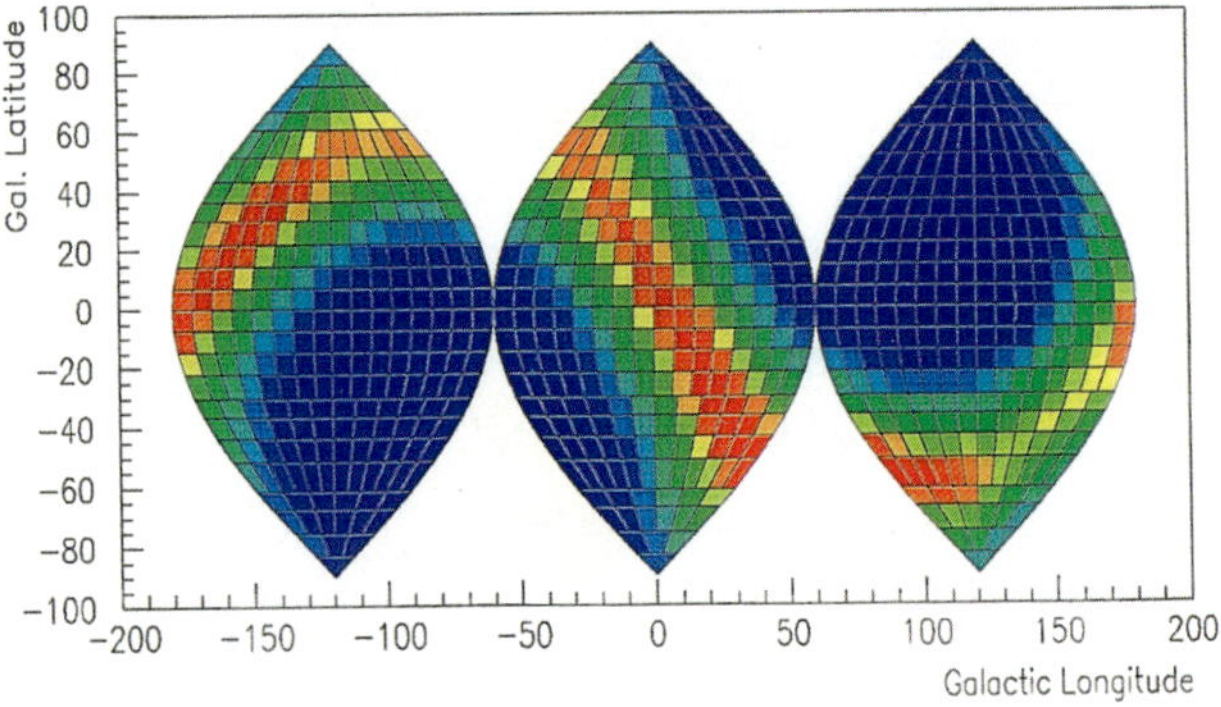

12a

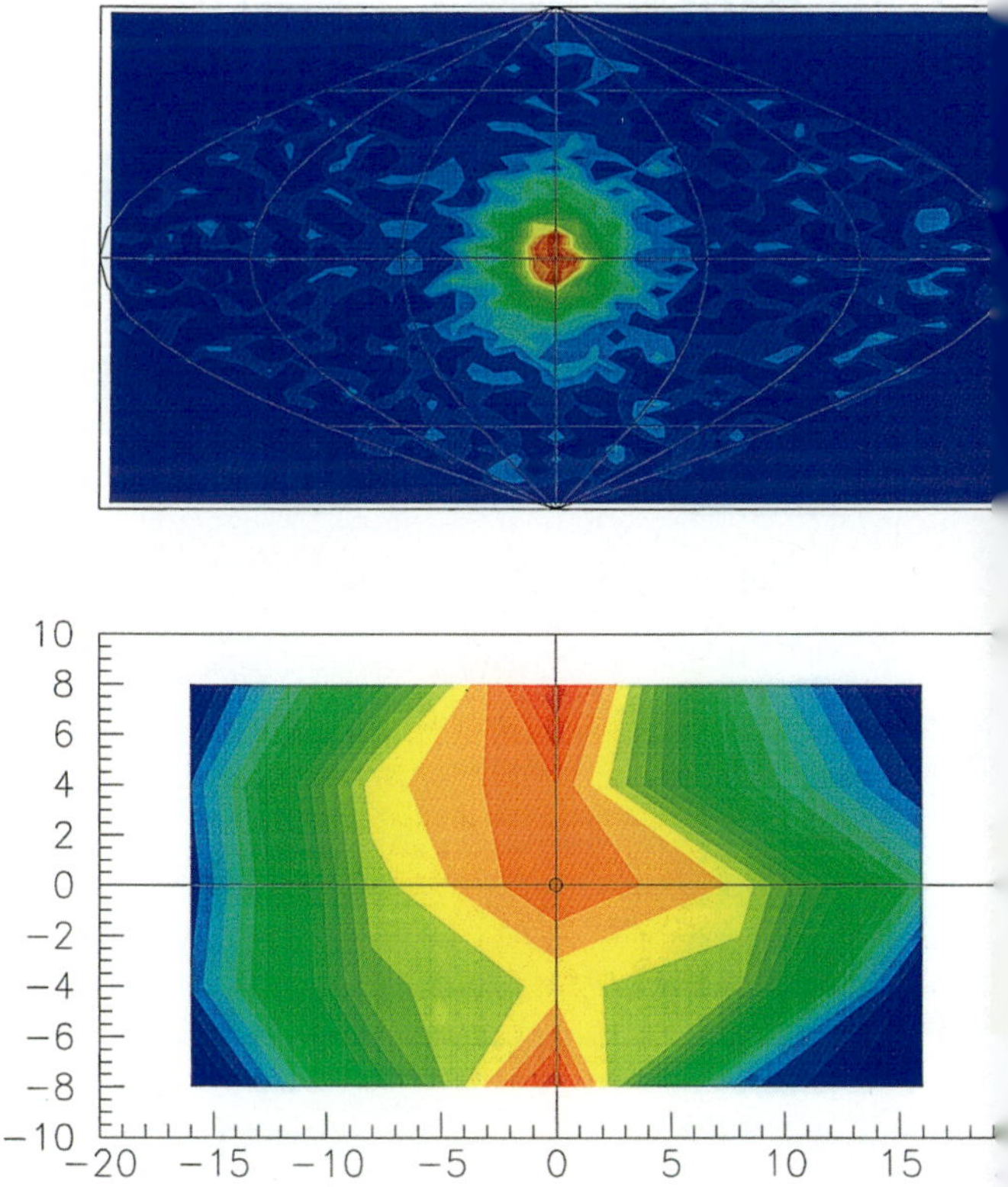

12b

Atmospheric neutrinos

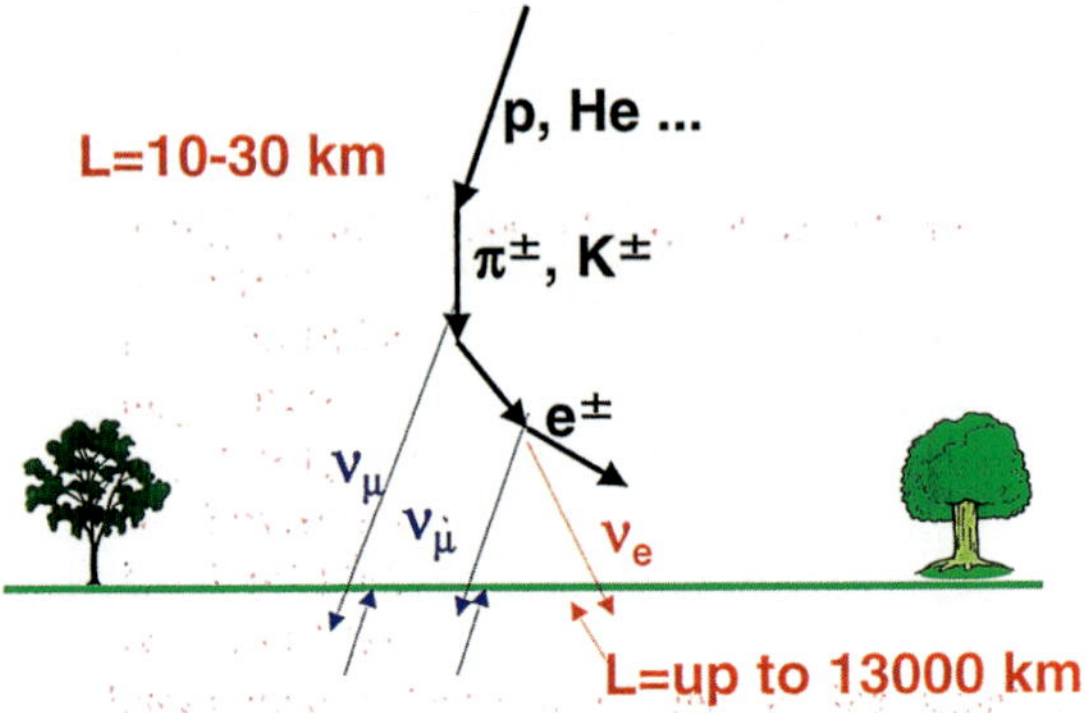

$$\frac{\nu_\mu + \overline{\nu_\mu}}{\nu_e + \overline{\nu_e}} = \sim 2$$ @ low energy ($E_\nu < 1$ GeV)

$$\frac{\nu_\mu + \overline{\nu_\mu}}{\nu_e + \overline{\nu_e}} \nearrow$$ @ high energy

Error in flux~25%, double ratio~5%

Neutrino oscillations :

$$\Rightarrow \left(\frac{\nu_\mu + \overline{\nu_\mu}}{\nu_e + \overline{\nu_e}}\right)_{data} \Bigg/ \left(\frac{\nu_\mu + \overline{\nu_\mu}}{\nu_e + \overline{\nu_e}}\right)_{MC} \neq 1$$

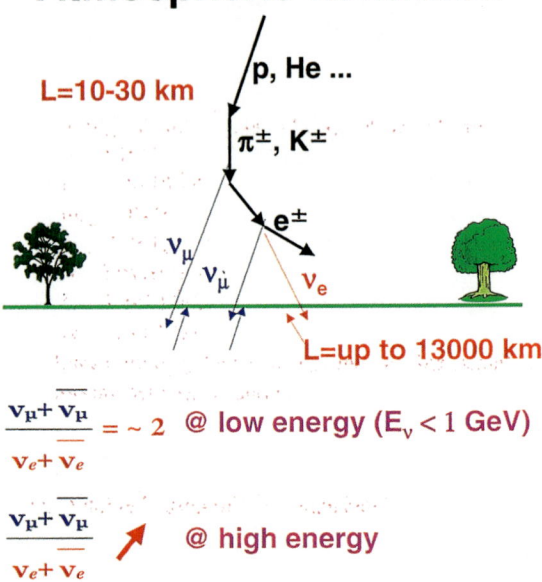

Zenith angle distribution

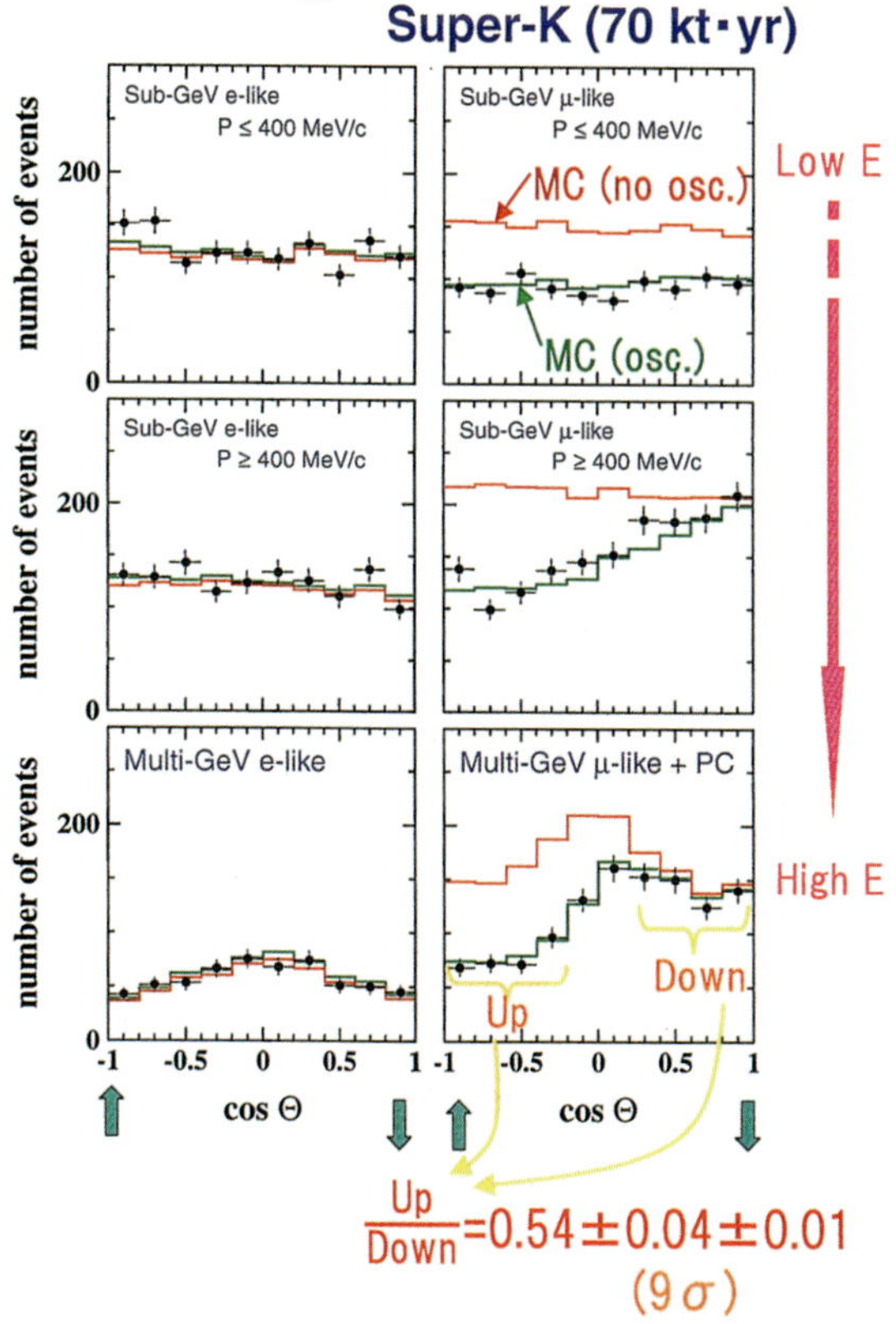

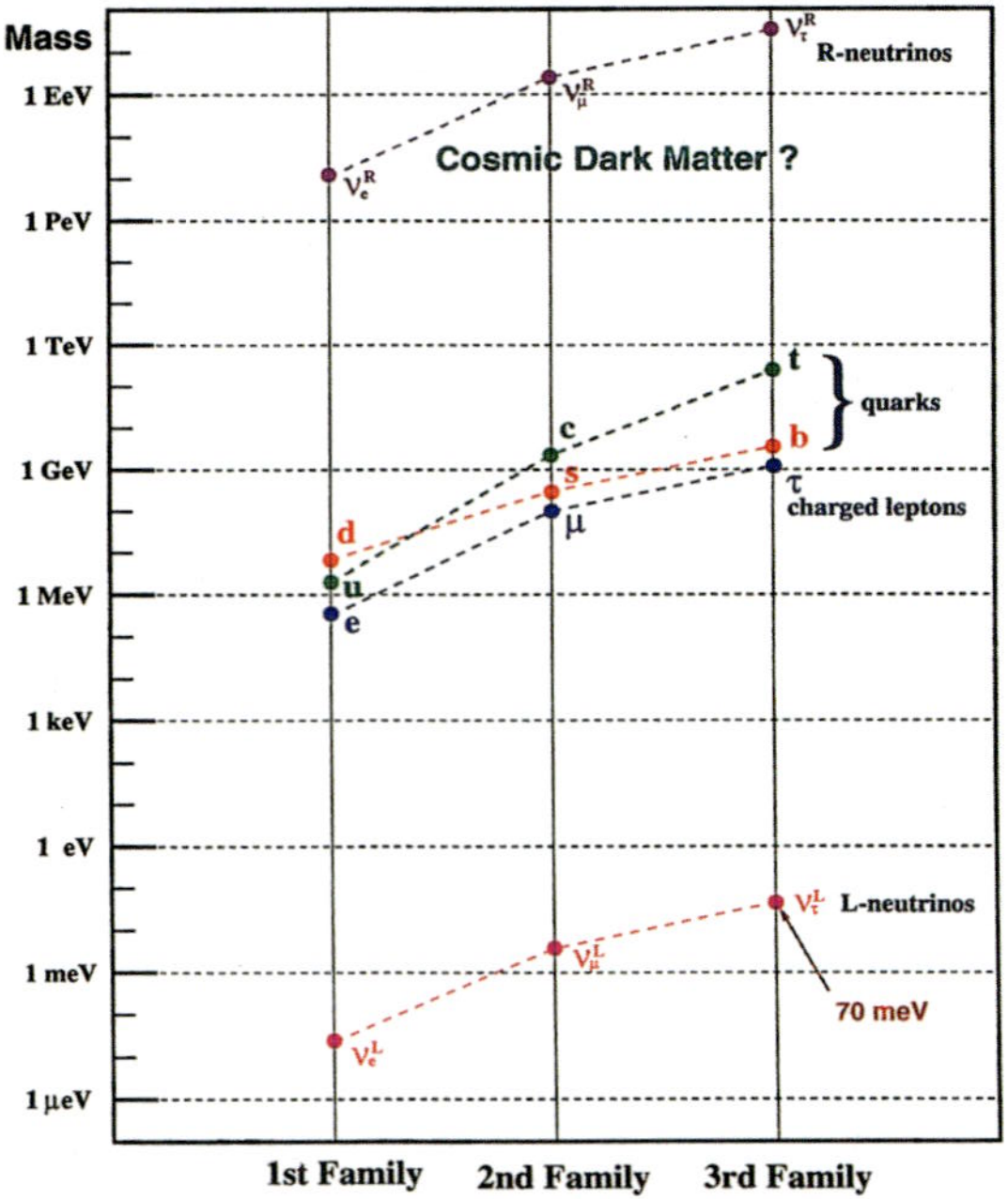
Mass
1 EeV
1 PeV
1 TeV
1 GeV
1 MeV
1 keV
1 eV
1 meV
1 μeV
Cosmic Dark Matter ?
R-neutrinos
quarks
charged leptons
L-neutrinos
70 meV
d
u
e
c
s
μ
t
b
τ
1st Family
2nd Family
3rd Family

15

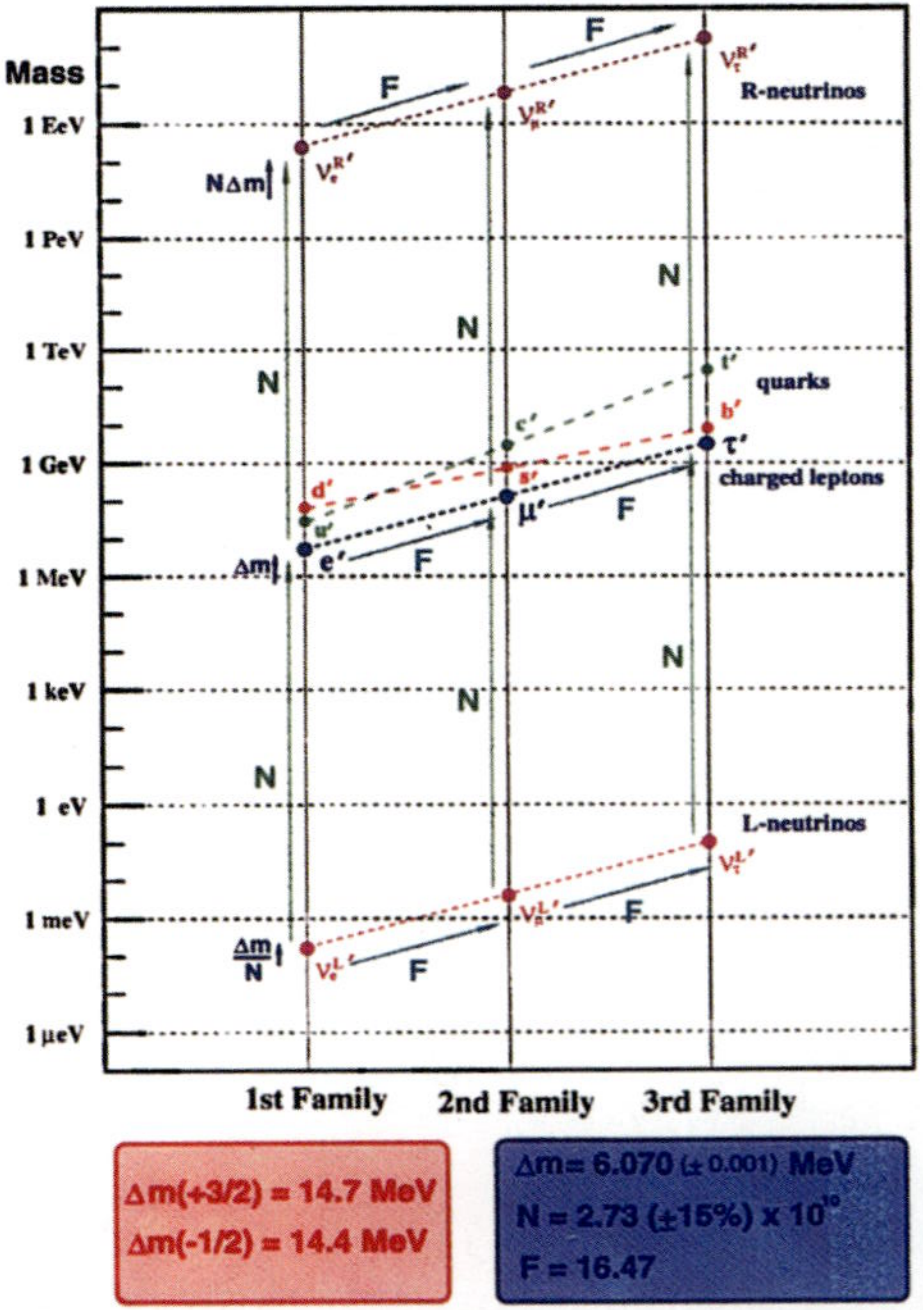
Mass
1 EeV
1 PeV
1 TeV
1 GeV
1 MeV
1 keV
1 eV
1 meV
1 μeV
R-neutrinos
quarks
charged leptons
L-neutrinos
NΔm
Δm
Δm/N
N
F
d'
u'
e'
c'
s'
μ'
t'
b'
τ'
1st Family
2nd Family
3rd Family
Δm(+3/2) = 14.7 MeV
Δm(-1/2) = 14.4 MeV
Δm= 6.070 (± 0.001) MeV
N = 2.73 (±15%) x 10^10
F = 16.47

16

もくじ

ようこそ
ニュートリノ天体物理学へ

0　はじめに

私は照れくさくなって恥ずかしくなってしまうのですが、はじめの二、三分はオーバーヘッドを使わない話をします。今日うれしいのは、若い人達が大勢いるということがおもしろそうだなと思ったのは、じつは中学一年のときのことなのです。皆さんはご存じないかもしれませんが、小児麻痺という病気がありまして、それにかかると手足が全然動かなくなって寝たきりになってしまうのです。私、中学一年のときにそれにかかっちゃって、その後少しずつ足や左腕は良くなったのですが、いまだに右腕は不自由なのです。その病気にかかって入院しているときに、私が幸運だと思うのはそのとき中学一年の担任の先生、この先生は数学の先生だったのですが、その人が見舞いに来てくれました。私にその当時出版されたばかりの本で、岩波新書というシリーズの中のアインシュタインとインフェルトという人がお互いに話合いをした本で、題は「物理学はいかに創られたか」という上下巻二冊の本を下さいました。

そのとき病院のベッドの中でそれを読みながら「へーえ、物理ってこんなことをやるのか」というようなことを感じたのが、物理ということが意識に上った最初です。その後ずっと物理のことなど忘れていたのですが、旧制の高等学校、今の高等学校より少し年上の学校にいるとき私は、学生自治会の副委員長などをやって勉強などあまりしませんでした。

そうしたらあるとき物理の先生と仲間の学生が話しているのが聞こえてきました。

「先生、小柴は大学どこへ行くのでしょうね」

そうしたら物理の先生が言っていたのが聞こえたのです。

「まあどこへ行くのかは知らないけれど、インド哲学かドイツ文学か知らないが物理にだけはいかないことはたしかだな」と。

その先生、僕に物理の落第点をつけたからそう思うのは当然なのです。それを聞いた私は発奮したのです。それから一生懸命一か月間、親友の秀才をそばに引きつけて受験勉強をしまして、私は物理学科に入りました。特に物理をやりたかったというわけではないのです。

さらに幸せなことには、その委員をやっていた時代にその当時、天野貞祐という哲学の先生が校長先生でした。その先生が副委員長だった私

をかわいがって下さって、

「小柴君どこの学科に行きましたか」

と言うから、

「先生物理に行くことになりました」

と言うと、

「ああそうですか、私は物理のことは何も解りませんが私の恩師の息子で、私が仲人をした人が物理をやっています。どのくらいできる人か知りませんけれども、とにかくご紹介しましょう」

と言って紹介状をくれた。その相手の先生が後にノーベル賞をもらった朝永振一郎先生だったわけです。ですから私は本当に幸運に恵まれて物理に進んだという気がします。

今日お話するのはニュートリノ天体物理学の誕生という題を一応付け

ましたが、今日の話は聞いても決して儲けにはつながりません。それだけははっきり断言できるわけです。

例えば、神岡実験で一九八七年ですから十四年前、超新星からのニュートリノをつかまえたというので、マスコミがワーと書いたことがあるんです。そのとき神岡のある人が

「先生《ニュートリノ饅頭》というのを作って売ったらどうでしょう」と。

「ああおやめになった方がいいです」

と言ったんです。その後もニュートリノで稼いだ人は誰一人としていません。

この儲けは度外視して、何か新しいことに出会ったときは耳で聞くだけではなくて、耳でも聞く、眼でも観る、鼻でも嗅ぐ、さわってもみる。

人間の感覚全部を動員してその対象をつかまえた方が身に付くと僕は思っています。こういう話のときは鼻や手を使うわけにはいきませんから、眼で観るのと耳で聞くのと両方を使ってもらうことにして、しゃべることを耳で聞きながら、内容を眼で見えるようにしました。

大体ニュートリノというのは眼で見た人は誰もいないわけですから、後で皆さんに眼で見せてあげます。

1　基本粒子

ギリシャの昔から、物質の基本要素を探求する試みは九二種類の化学元素に集約され、これらが多様に結合して万物ができているのだという形で一応の決着がつけられました。

あなた方が化学で習うのは、この九二元素がどういうふうに結びついたりするかという勉強です。ところが今世紀に入ると、これらの元素の最小構成粒子である九二種類の原子も、さらに分解されて外側を回っている電子（これは負電荷を持つ素粒子として前世紀末に発見されている）

と中心の重い原子核とに分解され、原子核は正電荷をもつ陽子と電気的に中性な中性子とからなることがはっきりしてきました。

五十年以上前私が大学を出た頃の素粒子とは、陽子、中性子、電子、それから湯川先生が予言して宇宙線中に見つかったパイ中間子。ところがそれだけではなくて、誰も注文したわけでもないのに宇宙線中に見つかってしまったミュー粒子、パウリが存在を予言しただけでまだ見つかっていなかったニュートリノだけでした。

より素なる基本粒子を追求する動きはそのうち陽子、中性子、パイ中間子も、じつは素粒子ではなくて複合粒子であって、これらはクォークと名付けられた粒子から合成されていると考えられるようになりました。

現在通常物質の素粒子の一つのファミリーとしては

上向きの香りのｕクォーク（up-quark、電荷は＋2/3）
下向きの香りのｄクォーク（down-quark、電荷は −1/3）

があります。「上向きの香り」、「下向きの香り」といっても意味はわからないでしょうが、今はそのままにしておきましょう。

＋2/3、−1/3なんていいますが誰もこれを直接観測した人は世界中にいません。われわれのグループもこれを探して実験をしたけれど見つかっていません。でもわれわれ大部分の物理学者はこういうものが実際に陽子や中性子の中に存在していると信じています。それはいろいろな実験事実がそれを示しているからです。

これらにそれぞれ「左巻き」と「右巻き」の状態があります。コマみたいに素粒子が回っているわけです。さらに全員に「三色」の状態がありますから全部で2×2×3の十二種類のクォークがあります。

このファミリーには四種類の軽粒子（レプトン）と呼ばれるもの、つまり、電子（下向きの香り）e^-、これと対になっている電子ニュートリノν_e（上向きの香り）があります。νというのはギリシャ語のnです。これは電子が下向きの香りに対してニュートリノは上向きの香り、これもまた左巻きと右巻きのものがあります。

ちょっと注意しておきますが現在の標準理論ではニュートリノの質量を0としているので右巻きニュートリノは存在しないとします。つまりクォークが十二種類、ここに右巻きのニュートリノをはずした軽粒子が三種類ありますから全部で十五種類、それが一つのファミリーを作っているわけです。

後に述べるようにニュートリノの質量が0でないことがわかると右巻

きニュートリノは存在しなくてはなりません。今まで実験にかかったニュートリノというのは全部左巻きのニュートリノばかりなのです。ですから右巻きのニュートリノは観測されたことがなくて、そんなものはないのだということにしても困りはしなかったのです。

ところがニュートリノの質量が0でないとなると、質量を持ったニュートリノが走るときは、いくら光速度に近い速度で走っていても光速度には到達できないのです。光速度で走れるのは質量0の粒子。例えば光子とかそういうものしか光速度そのものでは走れないのです。そうすると左巻きのニュートリノが走っている。もし質量が0でないと、この走っている速度は光速度よりはちょっと遅いわけです。その場合にはそれよりは速く、だけど光速度よりは遅いという速度で追いかけて追い越す観測システムを考えることができます。

その観測系でこのニュートリノを観測すると、追い越した系で見ればこの粒子は逆向きに走っているわけです。ところがこの回っている向きは変わりませんから、このように回っていたもの（左巻き）は、反対に回って見えるので右巻きのニュートリノということになります。だから質量が0でないニュートリノだと左巻きがあったら必ず右巻きがなければならないわけです。

そういった意味で質量が0でないということがわかると、十五種類でなく、少なくとも十六個の素粒子が一つのファミリーにならなければならないということになります。

そこでこれら十六個の素粒子が一つのファミリー、例えばeファミリーを作っています。不思議なことには、この中で働き者は左巻きの粒子だけで、右巻きの粒子は怠けていて左右が対称になっていないということです。

さらに不思議なことにはもう二つ同じような、ただし質量が大きいμ（ミュー）ファミリーとτ（タウ）ファミリーが存在するのです。これらのファミリーの粒子は皆寿命が短く、すぐにeファミリーの粒子に崩壊してしまいますが、何故自然がこんな一見無駄なことをしているのか理由がわかっていません。

さらにこれら全粒子にそれぞれ反粒子が存在します。混みいってきましたから図（口絵1）にしてお見せしましょう。

こんな記号覚える必要はありません。左側が一番軽いeファミリー、中央がμファミリー、右側がτファミリーです。それではもっと重いファミリーがあるのかというと、これはないことがわかっています。それはわれわれも参加した実験ですが、ヨーロッパでやった電子 - 陽電子衝突の実験で、ニュートリノの種類は三種類以上はないということがはっきりわかっています。

自然界にはこの三種類が存在するけれども、これ以上の別の種類はないということがわかっています。だけど考えてみれば、同じような構造のファミリーがなぜ三種類も必要なのかというのは不思議なことです。

こんなに多く、つまり一ファミリー十六個が三ファミリーもあって、それがそれぞれ全部反粒子を持っているのですから、全部で九六の種類が素粒子だと名乗りを上げているのです。われわれは九二種類の化学元素をより簡単な物にしようというので素粒子を探していったら、その数がだんだん増えて九六になってしまいました。

これ全部素粒子なのですかという疑問が当然起きるだろうと思います。現に何人かの理論学者は、もっと少ない数のより根元的な基本粒子からこれらの九六の粒子を作ろうという理論を出したりしていますが、まだ実際はどうなのかはわかっていません。

また半端な電荷を持った単独クォークも実験で検出されたわけでもありません。しかし数多くの実験が核子、原子核を構成している粒子（つまり陽子と中性子）が上記の性質を持ったクォーク三個からできていることを示しているし、またパイなどの中間子はクォークと反クォークの対でできていることも示しています。

私どもの世代では「剥《む》き出しの色」はただ顰蹙《ひんしゅく》をかうものでしたが自然はもっとずっと厳しくて「剥き出しの色」の存在を許さないようです。

つまりクォーク一個というのは色が付いていて、無色の状態ではないのです。そういうものの自然は存在を許していないようです。単独でクォークが見つからない理由は、三原色が白色になるか、ある色とその補色が重なって白色になるなど、とにかく白色の状態だけがエネルギーの低い安定状態なのだという形で、そういうものしかわれわれの観測にかからないということに説明はつきます。

2 相互作用

これらの粒子間には四種類の力が働いています。力は媒介粒子をやり取りすることによって伝わります。例えば静かな湖の上に二人の人がそれぞれ小船に乗って浮かんでいるところを想像してください。

二人がキャッチボールを始めるとボールを投げたときボールは向こうへ飛んでいくけれども、投げた人はその反動で少し後ろへ下がるわけです。受け取った人は受け取ったボールの勢いで少し後ろへ下がる。それを繰り返しているとだんだんとはなれていきます。遠くから観ていると

図1　引力？

二人の間には反発力が働いてだんだんと離れていったのだと見えるわけです。

引力の場合はどのように類推すればいいのかというと、ちょっとインチキなのだけれど、オーストラリアの原住民が使うブーメランを使います（図1）。ブーメランというのは手元から離れて円を描いて戻ってくるのです。小船の一方が相手を後ろに置いてビュウと投げ、それが自分を通り越して相手に届くとすると、自分はこれを投げた反動で後ろに下がる。受け取った人は受け取ってやはり逆に下がる。また投げる。そういうことを繰り返すとだんだん近づいていく。

原子から分子をさらには複雑な生体細胞を作るのは電磁気力です。これは光の粒——光子——をやり取りすることによって生じます。光子を放出、吸収する源は「電荷」です。朝永先生等によって完成された相対論的量子電磁力学（Quantum Electro-Dynamics）が電磁気現象を正確に記述します。

それから原子核を安定に保ったり核融合を起こさせたりする強い力はグルーオンという粒子を媒体にして働きます。グルーオンの源は「色」ですから、この力は色を持ったクォーク間だけに働きます。やはり相対論的量子理論である量子色力学（Quantum Chromo Dynamics）です。Chromoとは「色」という意味です。Quantum Chromo Dynamics という学問がその現象を記述します。

さらに粒子の崩壊や放射性変換を引き起こす弱い力があります。これは「香り」を源とする重い中間子、Z^0と$W^{\pm}$、を媒介として働きます。これもやはり相対論的量子理論である量子香力学（Quantum Flavor Dynamics）が取り仕切ります。「色」も「香」もちゃんとあったでしょう。しかも色を源とする力が強くて香りを源とする力が弱いなんてよく名付けたものです。

ガリレイやニュートンの重力は「質量」を源として重力子をやり取りして働いているはずですが、これを記述する相対論的量子重力理論は残念ながらまだ完成していません。

これら四つの力は本来根源的な一つの力が宇宙の進化・冷却に応じて分化したものと考えられます。まず第一に分化したのは重力でしょう。次に分化したのは強い力らしく、最後に分化した弱い力と電磁力は二つを統合する理論がすでにできています。標準理論（Standard Theory）と呼ばれるものがそれです。これと強い力をさらに統合しようとする試みもいくつかなされましたが、いまだに決定版はありません。

この三つが統合した世界では、これまで永劫にわたり安定と考えられていた水素原子核がある寿命で崩壊して光とニュートリノになってしまうはずです。

これを検証するために世界でいくつかの実験が行なわれました。後に出てくる日本のKamiokaNDE地下実験もその一つです。

重力をも含めて四つの力を一つに統合するいわば究極の理論が得られるのではないかと、最近、超弦理論（Super String Theory）が脚光を浴びています。ところがこのSuper Stringという理論は数学的に非常に難しい理論で、なかなか展開が遅いのです。

3　宇宙

さて素粒子のことはちょっと置きまして、宇宙のことに移りましょう。

われわれの宇宙は約一五〇億年前にBig Bangと名付けられた大爆発から始まったと考えられています。これは遠くの星雲が距離に比例した速度で遠ざかっているという観測事実から、時間を逆に戻して結論されたことです。

生まれたばかりの宇宙は極めて高温度で極めて高密度のプラズマであって、その中ではあらゆる粒子‐反粒子が対発生、対消滅を繰り返したに違いありません。私どものグループが長年ドイツ及びスイスで国際共同研究を続けている電子‐陽電子衝突実験は、まさに宇宙誕生のミクロのさらにミクロの実験です。現在進行中の実験はそれぞれ100,000MeVのエネルギーを持った電子と陽電子（電子の反粒子）をお互い反対方向からぶつけて衝突場所に200,000MeVのエネルギーの塊を創るもので、いろいろな種類の粒子‐反粒子の対が創生されております。MeVというのはエネルギーの単位で、どのくらいの量のエネルギーかというと電子の静止質量の約二倍が1MeVです。

ところがわれわれの宇宙が誕生したとき、理由はわかりませんが、粒子‐反粒子の対称性がほんの少し破れていた。粒子‐反粒子の対称性が保たれていれば同じ数の粒子と同じ数の反粒子ができるのですから、それが対消滅すると後に何も残らない。そうするとわれわれも存在しないはずです。だが反粒子ではなくて普通の粒子の方がわずか残った。そのわずか残った粒子が次第に進化してわれわれの身体を作ってくれたわけです。それが起こるためには粒子－反粒子の対称性が何らかの形で破れたのです。

つい二～三週間前に筑波の高エネルギー研究所のBファクトリーという実験でCP対称性の破れが確認されたという新聞記事が出ました。そのCP対称性というのは、この宇宙の最初の粒子と反粒子の対称性の破れに関係することです。それで約一億分の一のクォークが生き残ったようです。

宇宙が急速に膨張し温度が下がってくると生き残ったこれらのクォークは三つずつ結合して、陽子（uud が結合）と中性子（udd が結合）を創ります。陽子と中性子は核融合して重陽子（D=pn）を創りさらにはヘリウム（He=ppnn）までを創ります。これが元素創生の第一段階です。

このとき極微量のリチウムも創られますが、驚くべきことはこれらの元素の宇宙での観測比から、ニュートリノの種類数は三であって、二でも四でもないことが結論されたことです。これはもっと正確には、先ほども言ったヨーロッパの電子－陽電子衝突の実験で正確に決められました。宇宙の観測からもそういうことがわかりました。

さらに膨張して温度が下がるとマイナス電気の電子がプラス電気の原子核につかまり、電気的に中性な水素原子やヘリウム原子になります。電気的に中性になったということは、電磁波である光が電気的に中性な原子によっては妨げられなくなります。

光の働く源は電気的な電荷ですから、電荷がうち消されて0になってしまったらじゃまになりません。そうすると光は光で勝手に振る舞うようになり、原子は原子で独立して振る舞うようになる。そのとき自由になった電磁波、光は宇宙の膨張とともにその波長も大きくなり、現在では宇宙マイクロ波の電波として観測されています。

それが起きたのが大体宇宙が誕生してから十万年くらい経った頃です。このCosmic Microwave Backgroundという宇宙背景マイクロ波を観測することによって、宇宙がちょうど十万歳くらいの頃の宇宙はどんな状況だったかということが観測され始めています。

ところが、ニュートリノというのは電磁的な相互作用も働かない、働くのは弱い相互作用だけです。電磁波が、宇宙誕生後十万年くらいたった頃に物質と分離して自由になってしまうよりももっと前に、ニュートリノは他の物質と離れて自由になったはずなのです。それはいつ頃なったはずかというと、宇宙が生まれて一秒後くらいにニュートリノは自由に飛び離れていったはずです。それを計算してみますと今では1.9K、絶対温度1.9度くらいのとても低いエネルギーのニュートリノとして宇宙に満ち満ちているはずなのです。その宇宙背景ニュートリノ輻射をもし観測できたら、あなた方は宇宙誕生からちょうど一秒たったころの宇宙がどんな宇宙だったかということが観測できるはずなのです。だけどこの宇宙背景ニュートリノ（Cosmic Neutrino Background）というのは観測が非常に難しいので、いまだにだれも成功していません。もしこれに引っかかったりすると五十年や六十年はあっという間に経って何の結果も出ないということになるかもしれないから気をつけて下さい。

4　星の誕生と重元素創生

水素原子とヘリウム原子からなる物質宇宙も膨張を続け、温度が下がると各所で密度のゆらぎからガスの大きな塊ができます。つまりあるとき偶然密度がちょっと大きくなった領域は、そのため重力が強くなって回りのガスを引き寄せ、さらに重力が強くなります。

こうしてできたガス塊は自分の重力で収縮を始めます。重いヘリウムガスが中心に集まり、それを囲んだ水素ガスと共に自分の重力で収縮を始め内部温度が上がり表面から光を出すようになります。

内部の温度と密度は上昇して、ついにはヘリウム中心核の周りで水素の核融合が始まります。つまり四つの陽子（4p）がヘリウム4（^{4}He）と陽電子二つ（$2e^{+}$）と二つの電子ニュートリノ（$2\nu_e$）に変わるわけで、この際エネルギーを発生します（口絵2）。

ここではじめて星が、恒星が、誕生したというわけです。天文をやった方はご存じだと思いますが、星を、横軸に表面温度を取って縦軸に明るさを取って並べると一つの筋ができます。主系列という筋が見えるのをご存じだと思います。口絵3が主系列の星の集まった様子です。

できた灰のヘリウムは中心に溜まり続け、その量が増えるにつれて自分の重力で収縮し、中心部の温度と密度は上昇し今度は三個の^{4}Heが融合してカーボン（炭素）の^{12}Cになり、このとき余分なエネルギーを外にγ線の形で出すわけです。

こうして次から次へと順次重い原子核を融合し、得たエネルギーで光り続けますが、鉄の原子核が灰として中心部に溜まったところで、この宇宙での元素創生の第二段階は終了します。というのは鉄の原子核は核子一個当りの結合エネルギーが一番大きいので、鉄の原子核同士を融合させてもエネルギーは得られないのです。

燃えない鉄は中心にたまり続けますが、その質量が太陽質量の1.4倍くらいになると自分の重みを支えられなくなって、中心から陥没し始めます。

鉄の原子核は分解し陽子と中性子になり、陽子は中性子と陽電子 e^+ と電子ニュートリノ ν_e とに分解し、電子ニュートリノ ν_e は飛び去り、陽電子 e^+ は近くの陰電子 e^- と対消滅してガンマ線になってしまいます。中心部には中性子だけが原子核密度で集まります。

九二番のウラン以上の原子核が安定でないのは陽子の正電荷同士が反発し合うからです。もし電荷を持たない中性子だけを集めたらいくらでも大きい原子核を作れて、「中性子星」もできるでしょう。このときの密度は小さじ一杯で何百万トンにもなります。これは何十年も前に理論家が予測したことです。

中心部に次々に落ち込んでくる物質は、ある半径で跳ね返され外向きの衝撃波を作ります。これが周辺部に届いて一番外側の水素などを加熱し吹き飛ばしたのが、目に見える超新星の爆発です。このとき得られた重力の位置エネルギーの九九％以上が三種類のニュートリノと反ニュートリノに持ち去られます。

衝撃波が物質中を通り抜けるとき強く加熱し核反応を起こさせ、生まれた大量の中性子が鉄や珪素の原子核に次々と吸収されてウランまでの原子核をつくると同時に、これらを周りの空間にまき散らします。これが元素創生の第三段階です。これができてはじめてわれわれの身体が作れるようになるわけです。

以上を図に示したのが口絵2です。まず水素を融合している段階、それから芯のところではヘリウムがカーボンになるところ。さらに大きな酸素、ネオン、マグネシウムができる。最後に残った鉄の原子核がつぶれるというのを段階的に示したものです。

そのとき外から見ていると星はどのように見えるかというのを示したのが口絵3です。口絵3がさっきいった主系列という星の固まりです。水素がなくなった頃になると表面温度が下がって、そのかわり半径がだんだん大きくなって、いわゆる赤色超巨星という星になります。

この赤色超巨星のときには、周辺部のところでは重力がだいぶ弱くなりますから、外にどんどん物質をまき散らし、中心部ではヘリウムがなくなってカーボンになってしまった。ここにくるとカーボンにまた火がついて重い元素になる。

じつは今から三七年前東大の理学部物理教室に赴任して大学院で宇宙線講義の第一回に、私がさっきお話した不自由な右手を使って黒板の一番右の端に素粒子、そして一番左の端に宇宙と書き、この二つの分野が今急速に理解

図２　（撮影：笠原良一）

が深まっているのだが、この二つを関係づけるのは恐らくこれではないかと思うと言って、真ん中にニュートリノと書いたことを、今でもそのときの学生が言い出すことがあります。そのときは山勘だったのですが、その後の発展はこれがある程度正しかったことを示したようです。そろそろ話の主題に入りましょう。

5　ベータ崩壊

ニュートリノと言っても皆さんには一体それが何だとしか感じられないかと思います。前世紀の初め原子核の自然崩壊が見つかりました。電子を出して原子核が他の種類の原子核に変わる、そういう放射性変換のことをベータ崩壊といいます。そのとき放出されるベータ線というのは電子線ということです。

調べていた学者達は困ったことになりました。それはこれらの崩壊過程ではエネルギーも運動量も角運動量も保存してくれないのです。実験結果はそういうことを示すわけです。エネルギー保存則、運動量保存則、角運動量保存則は大変な大原則です。これがつぶれてしまうと、物理学を全部はじめからやり直さなくてはならないのです。

この困った事態から抜け出すために理論学者のパウリが導入したのがニュートリノで、この観測にかからない粒子が半端になっていたエネルギー、運動量、角運動量を持って逃げていて、この粒子を含めれば全体として保存則は全て救われるとしたわけです。パウリはニュートリノというのは観測にはかからないというのを前提にしているわけです。

このニュートリノは前大戦後になって始めて実験で検出されました(F.Reines, C.L.Cowan,Jr.;1953)。このとき見つけたのは強力な原子炉の側で出てくる反ニュートリノをつかまえたのですが、たった三例見つけただけでした。このことでライナスはノーベル賞を受賞しました。

その後π中間子の崩壊に際し、μ粒子と共に放出されるニュートリノは、β崩壊のときに電子と共に放出されるニュートリノとは違うということも実験で示されました（L. Lederman, J. Steinberger, M. Schwartz; 1960）。それぞれμニュートリノ、eニュートリノと区別されるようになりました。

これらのニュートリノは、三番目のτニュートリノも含めて素粒子界の「世捨て人」あるいは「なれの果て」とみなされ、自然界で何らかの積極的役割を果たし得るのだと考える人は多くありませんでした。なにしろ、エネルギーや運動量を持って逃げることしかわかっていませんでしたから。

さてこれから主題に入るわけですが、その前にこの話の主役であるニュートリノ氏を紹介しておきましょう。あなた方は見たことはないと思うのですが、ミスターニュートリノというアニメのキャラクターです。私も昨年の五月まで知らなかったのです。日本の子ども達には人気がわかなかったようなのですが、テレビのアニメ番組でNinja Turtle（忍者の亀さん）というのがあるそうです。欧米での人気子供番組だそうです。

イスラエルのテルアヴィヴ大学で講演したとき、そこの若い物理学者が「実は内の息子がお父ちゃんも今日勉強するニュートリノ、僕よく知っているよと言った」というのです。テレビから写してきて「このミスターニュートリノはNinja Turtleが困ったときはちゃんと異次元Xから来て救ってくれる良い奴なのだよ」と教えてくれたそうです。ミスターニュートリノの紹介はこれくらいにしておきます。

じつはもう一つニュートリノという名前で思い出すのですが、私は二年前から筋肉の痛む病気にかかって困っているのです。うちの孫娘が中学一年なのですが、街を歩いていると私の筋肉の痛みに良さそうだといって買ってきてくれるのです。この前に買ってきてくれたのはこのニュートリノという貼り薬、貼ってみて効いているのかどうか解らないという代物です。（笑い）

6　天体物理学

　これから日本の岐阜県神岡で創始された「観測ニュートリノ天体物理学」という新しい基礎科学分野の話に入りますが、何百年も続いている光、つまり電磁波を使った天文学・天体物理学にさらに付け加える新しいことがわかるのでしょうか、ニュートリノを使って天文学をやらなくてもいいのではないでしょうか、という疑問だってあるわけです。

　電磁波天体物理学においても戦後盛んになった電波、X線等の利用でパルサー、中性子星、ブラックホールなどの新しい知見が得られました。

同じ電磁波信号でも波長を変えただけで新しい局面が展開するわけです。しかし、電磁波は全部の物質と強く反応するので物体の表面の情報しか与えてくれません。それに引き換えニュートリノは、電荷を持たず物質と弱い相互作用しかしないので透過力が極めて大きく、天体の深い芯部の情報を伝えてくれます。身近な例でいうなら、骨が折れたとき肉眼で可視光によっては見えなくても、透過力のより強いX線を使えば折れた骨がよく見えるのと同じです。

じつは三種類のニュートリノの他に、重力を媒介する重力子を信号とする重力波天体物理学も極めて魅力ある分野で、日本も含めて世界の三か所で研究が進められていますが、実現にはまだしばらくかかりそうです。

さて天文学を始めるには、信号の到来時刻T（time）と到来方向D

(direction) を知ることが必要不可欠です。さらに天体物理学を始めるにはその上に、信号のエネルギー分布S (spectrum) を知らなくてはなりません。

つまり、太陽という天体を調べるときに太陽の方向からこれだけの光がきていますよとか、太陽は何時の時刻にはどの方角にありますよという位置天文学の他に、プリズムを使って太陽からの光を分けた。これはナトリウムのD線であるとか調べることによって、太陽の表面温度は約6,000度であると

図3

か、その表面の物質の存在比はこういう比であるとか、天体物理学がやれるようになる。こういったことと事情は同じですね。

これら三つの条件を全部満たした形で初めて天体からのニュートリノを観測することができたのは日本のカミオカンデ実験がはじめてで、ニュートリノ天体物理学の観測を創始したと世界で認められたわけです。

7　カミオカンデ

それではカミオカンデ実験の話に移りましょう。英国の著名な実験物理学者ブラケット（**Blacket**）先生の言葉ですが「われわれ実験屋は理論屋とは違う。あるアイデアの独創性は論文の中に印刷されるためのものではなくて、独創的な実験を組み上げる中に示されるべきなのである」。

これがカミオカンデの実験装置です（図4、口絵4）。

ご覧のように大きな円筒で、この中に水が一杯入るわけです。なぜ水かといいますと、水は大変安いのです。水を **3,000** トン一か所に貯めて、

図４　カミオカンデの実験装置

その水の中に H_2O という形で入っている水素原子核 H が、本当に光とニュートリノになってパッと消えてしまうかどうかを調べようというものです。はたしてそれが起きたかどうか調べようという装置です。そのとき出てくる光をできるだけ感度よくつかまえようというので、光をつかまえる検出器を壁のまわりにべたっとくっつけてあります。

この高さが十五メートルくらいあります。それで私が苦労したのは、一つは本当に望むような良い玉（検出器）を作れるかということ。もう一つはこれを一つ一つ取り付けてケーブルをつなげていくという作業を大学院学生にやらせるのですが、高い垂直十五メートルの壁で、もし万一落ちて怪我をしたり大事に至ることになったら、途端にその実験は中止ということになってしまいます。

さてどうするか。頭を絞って考えたことは、この下の段をまずくっつけて、それから取り付けた高さまで水を入れてゴムボートを浮かして次の段を付けて、次の段ができたらまた水をちょっとあげて次の段を作って、ということで無事にできたわけです。

光を集める光電子増倍管はアメリカと競争して勝つために、どうしても大きいものが欲しくてしようがない。それで浜松ホトニクスの社長を呼びつけて「うちも応援するからぜひこれを作れ」といってようやく口説き落としてできあがったときのうれしい顔（カバー写真）といったら……。（笑い）

このカミオカンデ（KamiokaNDE）のカミオカというのは神岡という町のことで、語尾のNDEはNucleon Decay Experiment（核子崩壊実験）という意味でNDEとくっつけてカミオカンデ（KamiokaNDE）という名前にしました。その後ニュートリノばかりつかまえているものだからこのＮＤＥはNeutrino Detection Experiment（ニュートリノ検出実験）と思っている人が多いようです。

8　検出状況

3,000トンの純水を蓄えたこの円筒形のタンクは、東京の西260キロメートルにある神岡鉱山地下1,000メートルに設置されています。内部全面はこの実験のために特別に開発された50センチ直径の巨大光電子増倍管で敷き詰められています。これは、水中で光より早く走っている荷電粒子が創るチェレンコフ光という微弱な光を検出するためのものです。

ジェット機が空中で音速より早く飛ぶとき、音の衝撃波を出すことはご存じだと思います。水の中では光の速度が真空中の3/4に下がってしまうので、水中の光の速度より早い荷電粒子が走ったときは光の衝撃波が出るわけです。これがチェレンコフ光にほかなりません。チェレンコフ光は粒子の進路を軸にして一定の角度で円錐形に放出されますから、これを観測すればその粒子の進行方向やエネルギーがわかるわけです。

この巨大光電子増倍管の開発に成功したことで、三倍も大きなアメリカの競争相手の十六倍の感度を得ることができたわけです。この高感度があったからこそ、太陽ニュートリノが水中の電子との散乱で生ずる反跳電子のつくるチェレンコフ光を観測することによって、その太陽ニュートリノを検出する可能性が出てきたわけです。それではこのような巨大水チェレンコフ検出器の働きを見てみましょう。

口絵5aから5gに、現在働いているSuper-KamiokaNDEが記録した事象を、スローモーションでお目にかけます。これは高エネルギーのミュー粒子が上から貫通した事例です。光の波面より粒子の方が先に底に着いているのがわかるでしょう。これを順々にスローモーションのようにお目にかけましょう。長方形が円筒形の横壁を広げたところです。上下の円はてっぺんの蓋と底。ちょうど缶詰の空き缶を上下開けて横から切って広げたものです。ここ全体に10,000個以上の光電子増倍管が敷き詰められています。その外側にアンタイカウンターというものが置いてあり、ここにはアメリカから持ってきた小さい光電子増倍管がパラパラと置いてあります。

ミュー粒子はここから入って、赤い点はたくさんの光を受けた光電子増倍管を示しています。緑や黄色はそれより少ない数です。これが時間の関数として、全体に観測された光電子増倍管はどのように変化したかというのを示しています。それが一億分の一秒くらい後になると光が次の図の光った点まで到達しています。ミュー粒子はこういう方向に進んでいるのです（口絵5a）。円錐形に出た光の一番はじめの波面がここにあります（口絵5b）。今ここのところを眺めているわけです。もう一億分の一秒くらい進むと光の波面はここまできたとき（口絵5c）、もうミュー粒子の方はそれより速く走っていますから底に到達してしまってこ（底面）に光が見える。

もう少し時間が経って、今このくらいの赤い線のところを眺めてるわけです。この時間になると（口絵5d）チェレンコフ光も底まで届いています。さらに時間が経ちますと（口絵5e）チェレンコフ光は全体に広がります。散乱された光が写ったわけです。このとき外側のアンタイカウンター、こちら内側はこっちに移して今度は外側を見てみると（口絵5g の小さい展開図）、粒子が出ていったところの外側はこんなふうに光っているし、入ってきた場所のところの光がまだ残っているという格好です。

それではこの検出器は荷電粒子が通ったということだけしかわからないのかというと、もっとわかります。口絵7は電子が通り抜けたときどう見えるか、もっと質量の大きいミュー粒子が通ったときはどう見えるかをあらわしています。

これを見てすぐわかることは電子の場合は方々に散乱した光が散らばっています。ミュー粒子の場合は縁がきちっとしている。これは何故かというと、ミュー粒子は質量が大きいですから、そんなに散乱されない。動いていく途中ふらふらしない。電子の方はふらふらするばかりではなく、ガンマー線を出したりして数が増えたりするわけです。そこでこんなに散らばってしまうわけです。

だからこれがどのように分布しているかを調べれば、これが電子によるものかあるいはミューー粒子によるものかという区別がピシッとついてしまいます。間違える確率は1%より小さい。こういうことができるというのが、後から話すニュートリノの質量は0ではないぞという実験結果を出すのに役だったわけです。

9　モーツァルト

私どもは地下で物理だけをやっているわけではありません。もっと文化的なこともしています。

口絵6は Super-KamiokaNDE を設置する空洞が完成したときに、世界的に著名なピアニスト遠山慶子さんが地下1,000メートルでモーツァルトの曲を演奏しているところです。われわれだって文化的な人間なんだというところをお見せしました。

このときは日本中のテレビ網でこれを映しました。とにかく世界で初めて地下1,000メートルのモーツァルト演奏会ということでテレビに出ましたので、ご覧になった方もいらっしゃると思います。

10　バックグラウンド

　それでは話の本題に戻ります。一九八三年七月KamiokaNDEを始めて間もなく、この装置は電子を12MeVくらいの低エネルギーまで、確実にどういうものだと同定することができるということが判りました。MeVはエネルギーの単位で電子の質量は0.5MeVです。

　ところがその当時眺めてみて、それより下のエネルギー領域は周りからのバックグラウンドに覆い隠されていました。バックグラウンドというのは、必要のない放射線がうじゃうじゃ飛び込んできて実際欲しい信号を隠してしまう、そういうのをバックグラウンドといいます。地下の岩石にはウランとかラドンとかいろんなものがありますから、それが崩壊したときのガンマー線とかがかぶさってきています。何とかしてそれを減らさなければ信号は見えない。だけど12MeVまで見えるということは実に楽しみなことで、もう少し頑張れば太陽ニュートリノを、電子を媒介にして観測できそうです。

11　Super-KamiokaNDE

そこで数か月後の一九八四年一月にアメリカで開催された核子非保存国際会議で、われわれの核子崩壊探査の中間報告をするだけでなく、二つの提言をしました。

一つは現在のKamiokaNDEを改良して太陽ニュートリノがT（時刻）、D（方角）及びS（スペクトル）の全ての情報を含めて観測できることを示し、観測ニュートリノ天体物理学を始めようではないか。だがそれは装置を改良するためにはお金がまだいります。ところがどこの国の政府でも、たくさんのお金を出して始めた新しい実験を、はじめて半年も経たないのに「いやこういう可能性ができたから、これだけの金を出して欲しい」といったら「何をいうか、ちゃんと最初言った結果を出してから戻ってこい」と言われるに決まっています。

そこで共同研究者を捜すことになった。そうしたらこれに対して Pennsylvania 大学のマン（Mann）教授が直ちに応じ、われわれは共同研究を始める同意をしました。

第二は KamiokaNDE では大きさが足りない。どのように数えても一週間に一発とか二発見つかるくらいでしょう。これでは仕事にならないのでもっと桁違いの 50,000 トンの水を使った Super-KamiokaNDE を本格的な太陽エネルギー観測台として国際協力で作ろうではないかという提言をしました。しかし残念なことに、このときは何の反響もありませんでした。幸いにも Super-KamiokaNDE は十二年後日本で実現にいたりました。そこで日本がニュートリノ天体物理学を創り上げたということになったのです。

12　超新星ニュートリノ

さて次は超新星ニュートリノの話になります。Pennsylvania大学のグループとの共同研究でKamiokaNDEを改装し、周囲からの放射性バックグラウンドを一年半かかってようやく押さえ込み、一九八七年一月一日から太陽ニュートリノの観測を開始することができるようになりました。それをはじめて八週間後、十七万光年の遠くにある大マジェラン星雲で超新星が爆発したという報告が届きました。

南半球で観測された写真（口絵8）を示します。これが大マジェラン星雲ですが左下のところを眺めて下さい。これが超新星爆発の前（口絵8b）の大マジェラン星雲です。矢印にあるのは実は青色巨星なのです。これが爆発しまして、このような（口絵8a）すごい光を出す超新星爆発となりました。

超新星爆発にはI型とII型とがあるのですが、もしこれが本当にII型の超新星爆発だとしたら、ものすごい数のニュートリノが放出されたに違いない。われわれの検出器はすでに低エネルギーの電子を確実にとらえることができるようになっていましたから、超新星からのニュートリノ事象は直ちに見つけることができました。そのときの状況を図5に示しています。

これは本当にラッキーでして、さっきも言ったように地中から出てきている湧き水を使っているのですが、その水の中にはラドンという放射

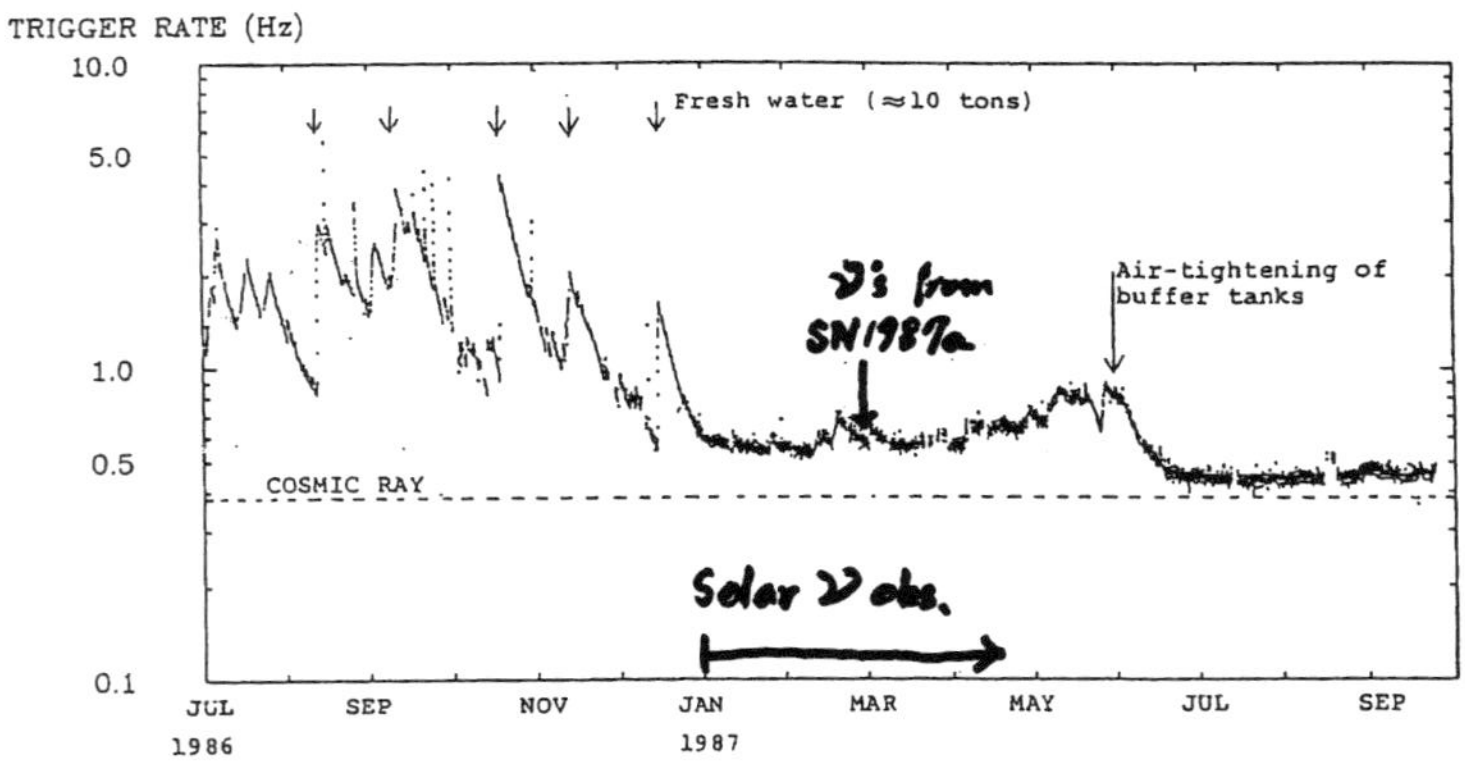

Fig. 3.20. The early performance of the KAM-II detector.

図5

性元素がありまして、それが大体三日の周期で崩壊して減っていくわけです。それを繰り返し繰り返しして一九八七年一月一日にようやく押さえ込みました。外側の外気と検出器を全部気密に閉じて、ようやく静かになって太陽ニュートリノの観測を始めたら、八週間後に超新星のニュートリノが入ってくれたのです。

われわれの検出器はバックグラウンドを押さえ込んで静かになっていますから、バックグラウンド 7.2MeV というところにバックグラウンドが溜まっています。それよりエネルギーの大きい事象はほとんどないわけです。そこのところへこの超新星のニュートリノが十二個の事象として出てきた。ですからこれは見間違えることはないのです。

みつけた超新星ニュートリノのシグナルを図6に示してあります。われわれと同じような実験をアメリカで実施しているグループは、この発

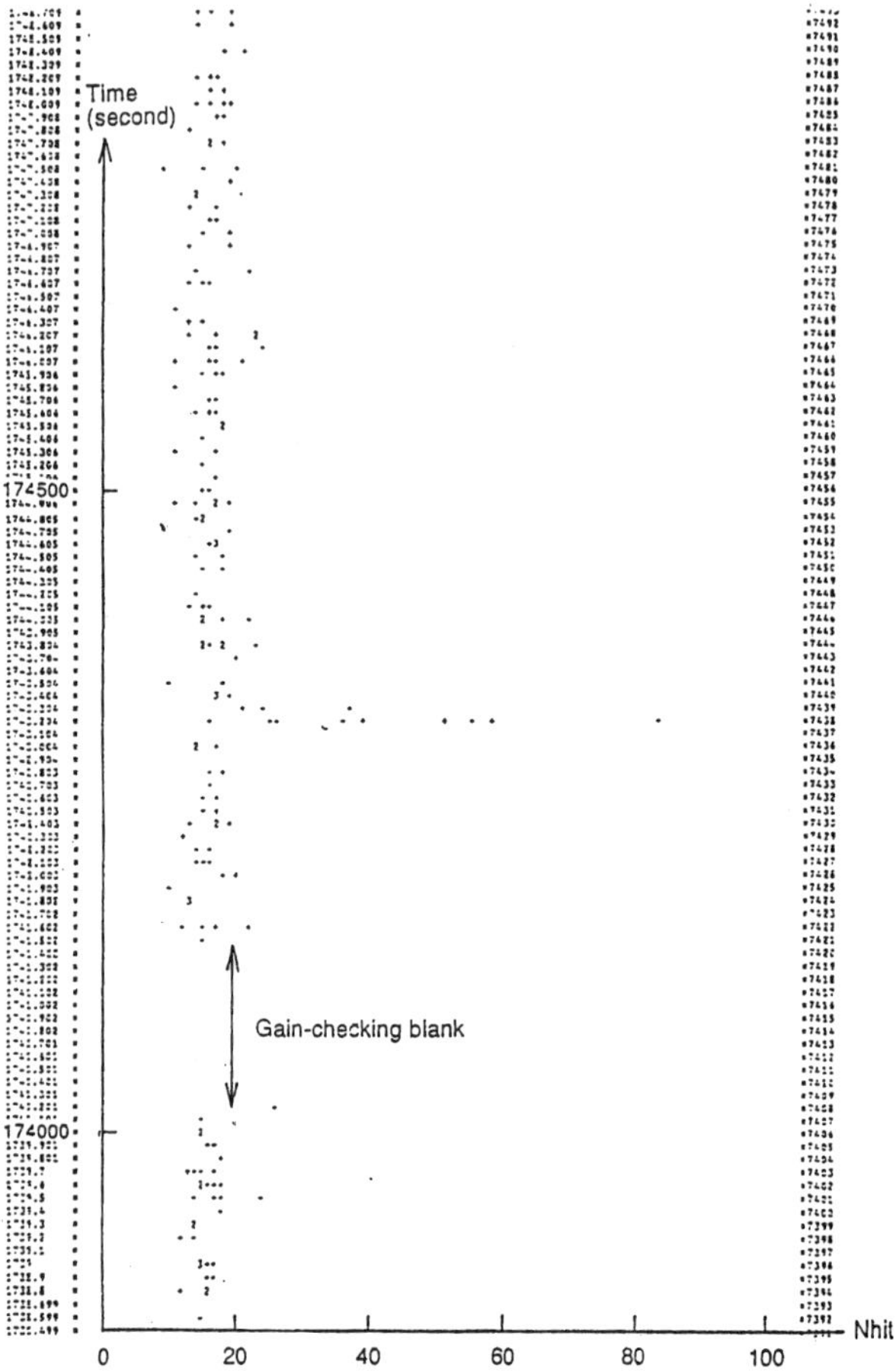

Fig. 5.1. The SN1987A neutrino "signal" in the computer print-out.

図6

見を直ちに追認しました。われわれの十二事象と彼らの八事象はII型の超新星爆発、つまり重力崩壊による超新星爆発による理論が基本的に正しいことを示しました。

すなわち観測されたニュートリノ放出温度 4.47MeV も、ニュートリノが持ち運んだ全エネルギー 2.8×10^{53}erg も理論的考察による値と一致しました。さらには観測されたニュートリノ信号が一ミリ秒ではなく一〇秒も続いたことは、これらニュートリノが極めて密度の高い物質、おそらくは原始中性子星の中を拡散してから出てきたことを意味しています。

しかしこの超新星爆発をしたのが青色巨星で赤色超巨星ではなかったという事実は、赤色超巨星だけがII型の超新星爆発を起こしうると信じていたその当時の多くの理論天文学者にとって驚きだったようです。だけどわれわれのニュートリノ信号から可視光での爆発視認までの経過時間は、外向き衝撃波が青色巨星半径を通過する時間と同じでした。

超新星爆発からのこれらのニュートリノ信号は、数は少なかったけれども他にも重要な知見を幾つか与えてくれました。たとえばニュートリノの電荷や磁気能率や質量に対する強い制限のほかに、たとえば一般相対性理論の等価原理を初めて0.1％の精度で検証できたことも大きな喜びでした。

現在KamiokaNDEより桁違いに大きくて、また精度も二倍に向上したSuper-KamiokaNDEが連続観測を続けています。理論天文学者たちは銀河当たり三十年に一度くらいの頻度で超新星爆発が起きると言っております。

もしわれわれの銀河中心あたりで起きたとすると約四〇〇〇発の核子標的事象ばかりか約二三〇個の電子標的事象も期待されます。この電子が標的になった事象というのは、電子の質量は軽いですからニュートリノはどっちの方からきたかという方角がわかるわけです。

後者は約1.5度の精度で方向を教えてくれます。光学的爆発の数時間前に世界の天文台にどこを注視すべきかを教えることができます。

また前者（核子標的事象四〇〇〇発）は超新星爆発の模様をスローモーション映画でも見るように教えてくれるでしょう。このように Super-KamiokaNDE 観測を続けると、次に述べる太陽ニュートリノのデータを着実に蓄積するだけでなく、陽子崩壊や超新星爆発のボーナスも期待できるというわけです。

13　太陽ニュートリノ

太陽が光っているエネルギー源として理論的に予測される核融合反応を図7に、またこれらの反応から期待されるニュートリノのエネルギースペクトルを口絵9に示してあります。水素の原子核、陽子と陽子とが重陽子を創って、重陽子と陽子でヘリウム3になって…等、いろいろな反応のブランチがあります。ごく少数ですが ^{8}B（ボロン）というのができて、それが ^{8}Be（ベリリウム）と陽電子と電子ニュートリノに壊れるという、このニュートリノがエネルギーが高いところまで伸びているわけ

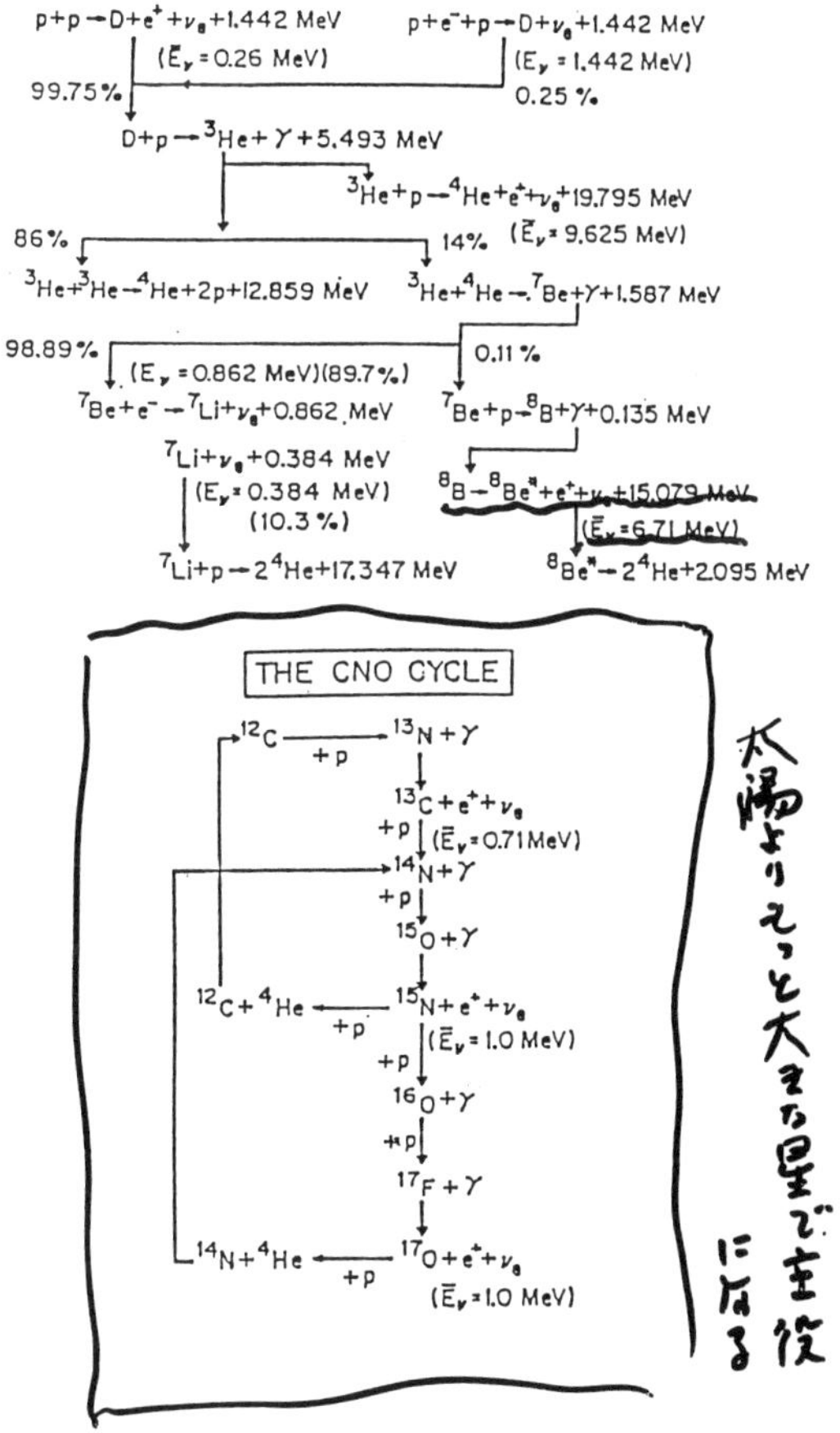
p+p → D+e⁺+ν_e+1.442 MeV
(Ē_ν = 0.26 MeV)
99.75 %
p+e⁻+p → D+ν_e+1.442 MeV
(E_ν = 1.442 MeV)
0.25 %
D+p → ³He+γ+5.493 MeV
³He+p → ⁴He+e⁺+ν_e+19.795 MeV
(Ē_ν = 9.625 MeV)
86 %
14 %
³He+³He → ⁴He+2p+12.859 MeV
³He+⁴He → ⁷Be+γ+1.587 MeV
98.89 %
(E_ν = 0.862 MeV)(89.7 %)
0.11 %
⁷Be+e⁻ → ⁷Li+ν_e+0.862 MeV
⁷Be+p → ⁸B+γ+0.135 MeV
⁷Li+ν_e+0.384 MeV
(E_ν = 0.384 MeV)
(10.3 %)
⁸B → ⁸Be*+e⁺+ν_e+15.079 MeV
(Ē_ν = 6.71 MeV)
⁷Li+p → 2⁴He+17.347 MeV
⁸Be* → 2⁴He+2.095 MeV
THE CNO CYCLE
¹²C
+p
¹³N+γ
¹³C+e⁺+ν_e
+p
(Ē_ν = 0.71 MeV)
¹⁴N+γ
+p
¹⁵O+γ
¹²C+⁴He
+p
¹⁵N+e⁺+ν_e
(Ē_ν = 1.0 MeV)
+p
¹⁶O+γ
+p
¹⁷F+γ
¹⁴N+⁴He
+p
¹⁷O+e⁺+ν_e
(Ē_ν = 1.0 MeV)
太陽よりもっと大きな星で主役になる

図７

です。ですからこれがわれわれの観測できるニュートリノです。

大部分を占めるこのニュートリノはエネルギーが低いので他の方法でないと観測できません。そのときのそれぞれのエネルギースペクトルというのを口絵9は示しています。一番数の多いppニュートリノ、^{8}Be（ベリリウム）というのは何桁も数は少ないのだけれど高い方までエネルギーがある。Super-KamiokaNDEはここから上のエネルギーが観測できます。方角、時刻もはっきりわからないけれど放射化学的な方法でやるクロリン（塩素）を使った実験はこれ以上、あるいはガリウムという元素を使った実験はこれ以上というのがわかります。

口絵10はSuper-KamiokaNDEのデータで、到来方向Dを示す観測データです。この横軸は方角を示すもので、これが太陽から地球への方向、横軸に取っているのはこれからの角度のcosを取っています。これを変数に取ると等方的なバックグラウンドの上に太陽の方向から事象が乗っているのが見えます。ここに書いてある線は計算で、ニュートリノがきて電子を叩き出したときにこの角度の分布はどうなっているのか、叩き出された電子がふらつく角度はどうなっているのかというのを計算に入れて出したものが、線で書いてあります。ピタリとよくあっています。

口絵11には観測されたエネルギースペクトルSを示しました。観測された反跳電子のエネルギー分布と、理論から予測されるエネルギー分布です。大体1/2どこも下がっています。図の曲線は ^{8}B の崩壊ニュートリノが電子と衝突したときの反跳エネルギースペクトルです。実験誤差の範囲でよくあっています。これで太陽内核融合反応の中間生成物 ^{8}B が実際に観測されたわけです。ただその分量は太陽標準理論から期待される量の半分くらいしかありません。到来時刻Tの測定精度は一億分の一秒くらいです。

口絵12ａにはフォトグラフではなくニュートリノグラフで太陽と銀河座標での太陽の軌道が示されています。光で太陽を見るのではなく、ニュートリノで太陽を見るとどう見えるか。銀河座標の中に太陽がこのように真ん中に見えるように、あるいは太陽が銀河座標の中でどういう軌道を通っているのかというのがここにちゃんと見えるわけです。これだけ見ると「なかなかやるじゃないか」と思うかもしれませんが、実を言うとそれほどでなくまだまだです。

口絵12ｂの上の太陽像は一応もっともらしく見えますが、じつは拡大してみると、下の図のようにとてもぼやけています。真ん中の小さな丸い円が目で見た太陽ですから、ニュートリノグラフで見ると解像度はまだ情けないものです。それは先ほども言ったように、ニュートリノが電子をたたくときの反跳角の分布とか電子の散乱角の分布でバーッとぼけてしまったわけです。

だけどニュートリノ天体物理学というのはまだ生まれたばっかりなのだから、こんなぼけたものでも仕方がないかもしれません。そのうちあなた方がうまい方法を考えて、もっときれいに見えるようにしてくれるかもしれません。

理論的に予想されるのに比べて観測されるニュートリノの量が少ないことは、以前からの ^{37}Cl を用いた放射化学実験で言われていたことですが、KamiokaNDE が計っている ^{8}B からのニュートリノについても確認されました。さらに ^{71}Ga を用いた放射化学的実験で低エネルギーのppニュートリノの量も少ないこともわかりました。

一方太陽の標準モデルと呼ばれる理論は最近の太陽震（太陽の地震）

のｓ‐波振動（球対称に膨らんだり縮んだりする振動）の観測によって信頼度が大きく増したので、太陽から放出されているニュートリノの量が理論値からひどくずれているとは考えられません。ニュートリノは太陽の芯部で創られてから地球の検出器に到達する間に、おそらくニュートリノ振動という現象によって何か検出できないものに変わってしまったと考えざるをえません。ニュートリノ振動による解釈はこの後大気ニュートリノの振動と併せて紹介します。

14　大気ニュートリノの振動とニュートリノ質量

KamiokaNDE の極めて初期から、宇宙線が大気中に作るニュートリノを充分に理解することは重要案件でした。というのはこれらが検出器内に起こす事象が核子崩壊探索の邪魔になるからです。これらニュートリノがどのようにして作られるかは口絵13に示してあります。

これは大学の物理をやらなくても理解できることです。宇宙線の陽子やヘリウムが大気中に飛び込むと、大気中の窒素や酸素の原子核にぶつかってπ中間子やK中間子を創る。これらπ中間子はミュー粒子になってν_μを出す。K中間子も同じです。このミュー粒子は崩壊すると電子と電子ニュートリノを出します。そのときにν_μも出します。ですからこの現象が起こらないとすると大気中のニュートリノというのはν_μだけなのです。全部のミュー粒子が崩壊したとしてもν_μは二個、ν_eは一個。ですからν_μとν_eの比は2かそれより大きい値か、どちらかです。ν_μの方はν_eの方より二倍以上多いはずなのです。

ところがKamiokaNDE の実験で測ってみますとそうはなっていません。観測結果は明らかに2以下でむしろ1に近い値でした。

これは大気中で作られたミューニュートリノν_μが検出器に届く途中で検出にかからない何かに変わってしまったと考えざるをえません。もしこれが正しい原因ならば、できてから検出器に届くまでの距離に依って減り方が違うはずです。距離が長ければ減り方がもっと多いはずです。

上からきたミューニュートリノは高々20キロメートル上空で創られている。水平方向からのは1,000キロメートルくらい向こうから、下からくるのは10,000キロメートル下からきます。ですからどっちの方角からきたニュートリノかを見てν_μの比がどうなっているのかということを調べてみる。例えばこれはミューニュートリノ関係の値です。こういうふうにどっちの方向からきても同じというのに比べると明らかに大きな違いが出ています。電子ニュートリノは期待値と同じ値が出ています。ミューニュートリノだけがずれている。そうするとミューニュートリノが検出器に届く前に別のものに変わってしまったんだと結論せざるをえなくなります。それの変化を示しているのが口絵14です。

これより先の理解には量子力学が必要になりますが、高校生の諸君らには無理かもしれませんので後ほど必要があればお話しましょう。しかし量子力学も役に立つのです。

結論だけお話して申し訳ないのですが、このとき他の種類のニュートリノに移り変わっていく割合を決定するのは、その二種類のニュートリノの質量の二乗の差と二つの異なるニュートリノ状態、つまり弱い力の崩壊過程で創られたときのニュートリノ状態と質量はこの値ですよという質量の状態とは同じものではないのです。角度がずれているわけです。そのずれの角度を示すのがφです。

この考えに基づいた解析の結果が図8に示されています。この横軸は二つのニュートリノの基底状態の間の角度θで、縦軸が質量の二乗差、これが大気ニュートリノから出てきたミューニュートリノが何かに変わった。その変わった相手はおそらくタウニュートリノだろうというのがここのデータです。同じように減っている太陽からの電子ニュートリノ

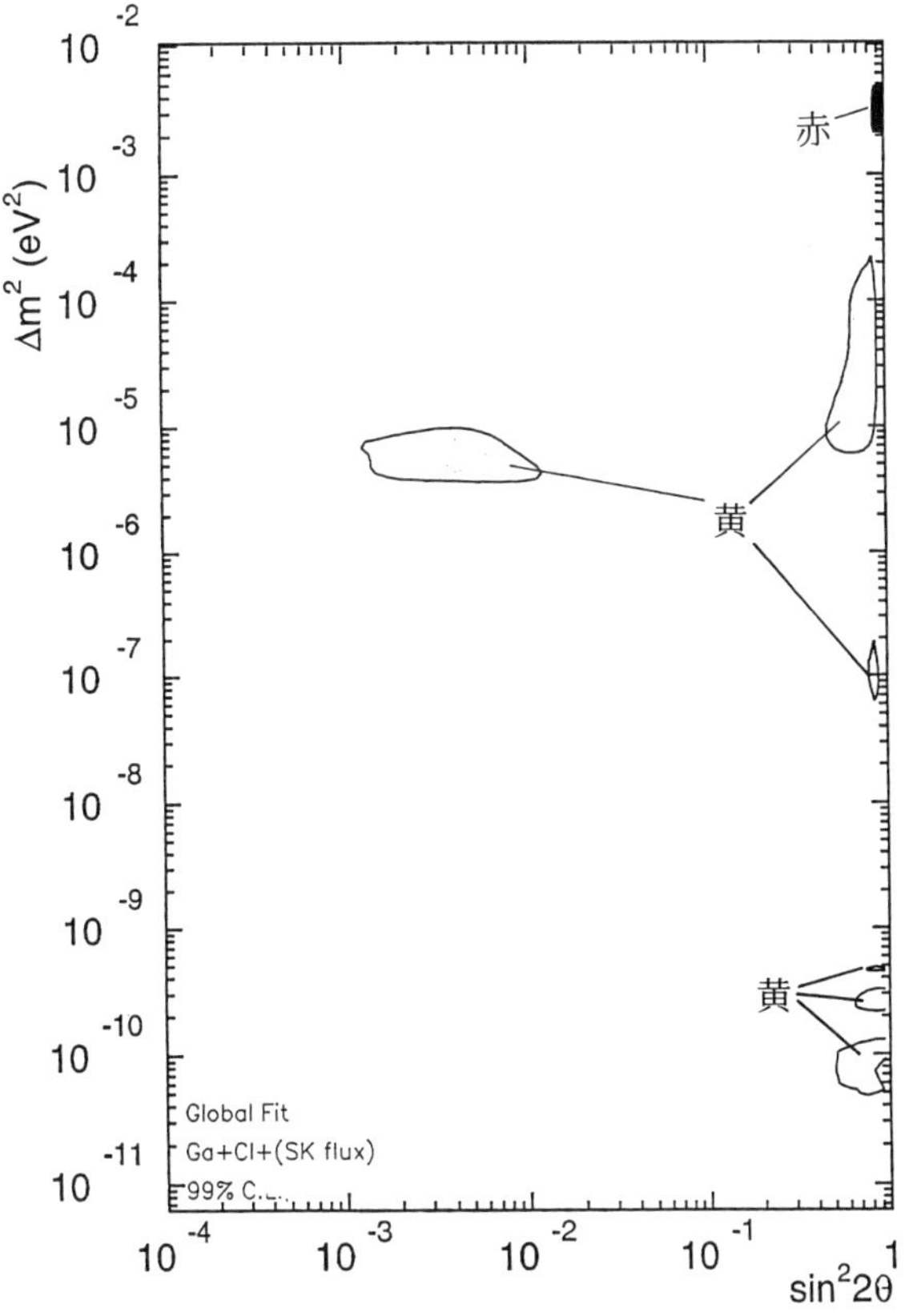
赤
黄
黄
Global Fit
Ga+Cl+(SK flux)
99% C.L.
Δm^2 (eV^2)
$\sin^2 2\theta$
10^{-2}
10^{-3}
10^{-4}
10^{-5}
10^{-6}
10^{-7}
10^{-8}
10^{-9}
10^{-10}
10^{-11}
10^{-1}
1

図8

はミューニュートリノに変わったと考える可能性をもとにしたパラメーターの値が得られました。

これで太陽ニュートリノのデータも大気ニュートリノのデータも両方とも0でない有限の質量で、他の種類のニュートリノに移り変わっているんだということが非常に強く示されたわけです。赤で示された領域が大気ニュートリノの異常を説明できる領域で、同じような解析を太陽ニュートリノのデータに施した結果が黄色い色で示されています。この場合は電子ニュートリノからミューニュートリノへの転換です。

ニュートリノの質量が全て0の場合はこのような転換は決して起こりませんから、ニュートリノの質量は0ではないということが実験で示されたわけです。この結果は先に述べた標準理論の改良を要求しますし、さらには極低温でニュートリノの全反射を可能にします。これはすばらしい可能性なのです。

ニュートリノというのは物質と非常に弱くしか相互作用しないから全部スースーと通り抜けてしまいます。これが頭の中にこびりついてるでしょう。ところがニュートリノの質量が有限だという事実は、その質量よりも低いくらいのエネルギーまで小さいエネルギーのことを考えると、じつは極低温の壁にぶつかったときにそれをスーッと通り抜けないで全反射してくる。こういう可能性が出てきたわけです。

これはすばらしい可能性です。例えば先ほど太陽ニュートリノの観測で見たように角度の測定が良くないものだからぼやっとぼけた像しかできなかったんです。それはなぜかというとレンズも反射鏡も何も使えないから角度を絞れなかったのです。ところがそういうとてもエネルギーの低いニュートリノが全反射するというのがわかってみると、そういうニュートリノを観測するとき放物面鏡を使うことも考えられます。ですから角度はべらぼうに精度がよく測れるはずです。

それは大変にうれしいことなのですが、残念ながらそんなに低いエネルギーのニュートリノがきたということを一体どうやって観測するのか。これは大変に難しい問題でおそらく少なくとも三十年くらいは四苦八苦しなければならないでしょう。ニュートリノの有限質量は宇宙の今後の振る舞い、今後の振る舞いといっても一〇〇億年後とかいう問題ですが、影響を及ぼす可能性があります。

宇宙が限りなく膨張し続けるのかあるいはいつか収縮に転ずるのかはその持っている全質量によります。観測されたニュートリノ質量はそれだけで宇宙を閉じるには足らないようですが、この問題を考えるときに忘れてはならない量になっていることは確かです。

15 予言

私の話も終わりに近づきましたが、その前に私の山勘予言を聞いて頂きましょう。もし何年かの後に当たっていたらお慰みというわけです。

大気ニュートリノと太陽ニュートリノの結果をあわせて説明できる三種類のニュートリノの質量二乗差は口絵15に示してあります。これは大気ニュートリノと太陽ニュートリノのデータに、ニュートリノの極めて小さい質量を重い右巻きニュートリノの存在に因って説明できる **See-Saw Mechanism** を組み合わせて得られたものです。この口絵15がこれです。左から第一ファミリー・電子ファミリー、第二ファミリー・ミューファミリー、第三ファミリー・タウファミリーです。

大気ニュートリノと太陽ニュートリノの欠損をうまく説明できるような値として、しかも日本人の考えたシーソーメカニズムというメカニズムが働いている。こういう重いニュートリノがどういう関係で軽いニュートリノと関係しているのかというようなことをつかみます。タウニュートリノとしてこのくらい、ミューニュートリノとしてこのくらい、電子ニュートリノとしてこのくらい、というような図（口絵15）ができるわけです。これで一応整理できたような気がしますが、もう少し欲を出してきれいにできないかというところです。

素粒子の質量パターンが大体見えているようですが、さらに宇宙の極めて初期に、おそらく重力と他の力が分離した頃に何らかの電磁的相転移がおこって、6.070MeVの質量変化が全ての荷電粒子に起きたと仮定すると、それ以前の素粒子質量図は口絵16のようになります。これが私の山勘の図です。当たっているかどうかはお慰み。

このようにしますと第一ファミリー、第二ファミリー、第三ファミリーとの関係が非常にきれいに結びつきます。だからFという演算子を考えて第一ファミリーの電子にそれを適用するとミューになり、もう一度適用するとタウになり、もう一度Fを適用するとこちらへ戻る。Fという演算子は三回掛けると1になるという演算子を考えれば、この三つのファミリーは統一的に説明できるのではないか、というようなことを夢みるわけです。

だけど断っておきますがこれは実験屋で理論屋でない私が夢みていることですから、あまり本気にとってもらっては困ります。だけど何でも、こういうことからでも次の段階の素粒子理論ができてくれて、日本の若い理論家の方が説明してくれると嬉しいのです。

最後に今日のトピックスに関連した本として講談社のブルーバックスの中に『ニュートリノ天文学の誕生』が一九八九年九月に出版されています（二〇〇二年十一月、再版予定）。英語版で少し程度を上げたまとめが*"Observational Neutrino Astrophysics"*という題で書いてあります。英語の勉強になると思ったら読んでみて下さい。

御清聴をありがとうございました。

16　質疑応答

司会者（保江）：小柴先生、長時間ありがとうございました。ただいま先生のお話をうかがっておりまして、私は大学が天文学科だったので当時、といっても今から二十年以上前の話ですが、当時の天文学者は山の上に登っていこうとしていました。先生のお話をうかがいますと現代の天文学者は山の地下1,000メートル下の方に潜っていく。かつ地下1,000メートルの洞穴の奥の方で、まったく外界と閉ざされた中で、先生のような仙人の雰囲気の偉い先生がじっと密かに宇宙の中を探っていらっしゃるという、非常に迫力のあるお話を聞くことができました。ありがとうございました。

それから今から十七万年前にマゼラン星雲、マゼラン星雲というのは皆さんは宇宙戦艦ヤマトの目的地がマゼラン星雲の中のイスカンダルという星だということで聞き覚えがあると思いますが、そのマゼラン星雲の中で十七万年前に星が一つつぶれてその一瞬にニュートリノを発生して、それを先生が十七万年後にお生まれになってこの銀河系の中の地球上でご苦労されて神岡の装置を作られ、それが稼働し始めてわずか八週間後にその事象が一致した。それがまた、先生がニュートリノ天体物理学を創設されるきっかけとなり、そこにとても人の技ではなく神の業を見るような思いがいたしました。

そこで高校生の皆さんの中には新しい物理学、天文学というものに進もうという方もいらっしゃると思いますし、あるいは他の分野に進もうという方も先生に何かぜひ伺いたいというご質問があれば遠慮なく挙手の上ご質問下さい。

質問者（一般）：今日はどうもありがとうございました。今日のニュートリノとは関係ないとは思いますが、私が中学生の頃から疑問に思っていたことがあります。それをお聞かせ願いたいと思います。

この世の中には電気のプラスマイナス、磁気のNとかSのようにいろいろなことがペアで起きています。第一の疑問はニュートンが発見したといわれている万有引力なのですが、万有引力があれば万有斥力というものがあるのではないかと昔から考えていたのです。もう一つ引力に関係したことで引力というのは伝わるスピードが有限であるか、無限であるかこの二つをお聞かせ願いたいと思います。

小柴：万有引力に対する斥力というのは、どうもないようです。探した結果もいくつかあるようですが結果としてはないようです。

二番目のご質問に対しては、今の量子力学的な理論に関する限り、作用の伝わる速度は最高で光の速度であって、無限の速度で伝わるものはないというのが現在の理論の定説になっています。

万有引力に斥力がないということは、私は理論屋ではありませんからよくわかりませんが、重力を媒介する粒子の「重力子」のスピンが2であるということに原因があるようです。斥力、引力両方ある電磁気を伝える媒介粒子の「光子」はスピンが1なのです。重力子はスピンが2だと考えられています。それが原因かもしれません。

司会者：ありがとうございました。他の質問をどうぞ。

質問者（大学生）：先生は最初の方で粒子について「香り」とか「色」とかおっしゃいましたが、これはどういう意味なのか説明していただけますでしょうか。それと、先生は光子が質量がないとおっしゃられましたが、物質に質量がないというのがぴんとこないので分かりやすく説明していただけないでしょうか。

小柴：最初の質問の香りと色ですが、実際にわれわれが例えばクォークを眺めてこれは赤のクォークだ、黄色だと観測したわけではないのです。あれは一番最初「クォークに色がある可能性を考えた方がいいぞ」

と言ったのは、日本人の優秀な理論物理学者で南部陽一郎先生という方です。

それは何かというと、いままで考えていたコマの自転のスピンに加えて、色というようなそれらとは独立な三つの状態を考えた方がいいぞという結論に達し、その三つの独立な状態を他から区別するために「赤青黄」の三原色にしたというだけのことです。

香りというのはフレーバーのダイナミクスというのですが、これも同じような理由でこの粒子は香りがこういう状態、この粒子は香りがこういう状態だと。ある状態から別の状態に移り変わると同時にこういう粒子が飛び出してきて崩壊が起きるんだぞという形で理論を作ったわけです。ですから色とか香りとかいっても実際にわれわれが見るような色、香りが出てくるわけではありません。ただ言葉、名前だけのことです。

もう一つの質問、質量0という概念のことです。そういった意味でいえば確かにフォトン、光子というのは特別の状態です。頭に置いておかなければならないのはフォトン、光の粒子です。フォトンというのは物質ではありません。物質というのは陽子とか中性子とかみんな質量を持っています。フォトン、光子は物質ではなくて電磁気力を媒介する粒子なのです。そういう力を媒介する粒子というのは原理的に質量0ということが導かれてしまうのです。ですから力を媒介するフォトンは質量0だし、重力を媒介する重力子という媒介粒子も質量0だと考えられています。それから強い総合作用を媒介するグルオンという粒子も質量0だと考えられています。誰も測ったわけではありません。

唯一の例外は何かというと、弱い総合作用を媒介している粒子のZ^0とかW^+、W^-とかいうのはこれはとても重い媒介粒子なのです。重い粒子になるにはなるだけの理由がありまして、それを説明しているのがヒッグス粒子というもので、ときどき新聞に出てきます。半年くらい前にヨーロッパの研究所でヒッグス粒子の顔が見えたかというような記事が出ましたけれども、まだヒッグス粒子は見つかっておりません。

質問者（高校生）：カミオカンデの水の中で、光はスピードが落ちるのに対してニュートリノはスピードが落ちないから、その結果として光の衝撃波が生じて云々という話から思ったのです。ニュートリノは何とも反応しない性質から考えると、絶対にスピードは不変のものなのですか？　それとも、何かのきっかけでスピードが変わることはあるのですか？

小柴：ニュートリノは電荷を持ちませんから、電磁気的な相互作用はしないわけです。ですけれど太陽ニュートリノの観測の場合で見せたように電磁気的な力ではなくて、弱い力で、例えば電子と衝突したり、陽子と衝突したりすることがあり得るわけです。そういうときは一部分のエネルギーを電子に渡して電子が走り出します。われわれが観測できるのはその電子が走り出したときに出すチェレンコフ光を見ることなのです。

ニュートリノ自身はチェレンコフ光は作れないのです。だからあなたのいったニュートリノは速度を変えることはあるのですかという質問に対しては、例えば電子や陽子と弱い相互作用で衝突したときにはエネルギーを受け渡しますので、必然的に速度も前と後では違ってくるのです。よろしいでしょうか。

質問者（一般）：関係のない話で申し訳ないのですが、先生は幽霊の存在についてどうお考えでしょうか。

小柴：私が子どもの頃は幽霊話はそこら中にありました。例えば私自身もいわゆる人魂というのを見た記憶があるのです。本当にそれが人魂かどうかはわかりませんが。

私はじつは一昨日ここにいる一人の先生に頼まれて色紙一枚に「素粒子　宇宙そして最も不思議な自我」という文字を書いたのです。それはどういう意味かといいますと、私が感じているのは物理というのは比較的やさしい学問だと思います。誰でも理解できるような骨組みになっているからです。例えば、そういって物理を勉強しようとする自分は何だろうかと問いかけると、これはものすごく難しいことです。

これと同じような意味で、人間が理解できない、どう理解したらいいのかということの見当もつかない分野もまだまだあると僕は思うのです。例えば死後の世界とか私が先ほど言った、認識しているあるいはいろんなロジックスを使っている私というのは一体何だろう。考えてみれば不思議なんですよね。

さっきの話にもあるように宇宙ができてから三段階の元素合成を経て九二種類の元素ができて、そのうちに百何十億年か経った後でわれわれのような人間ができていて、いつの間にか宇宙のはじめはどうなっているかなどと議論し始める。私が言いたいことがあなたの質問に関係するかどうかわかりませんが、われわれの理解できないこともまだまだたくさんありますということで回答とさせていただきましょう。

質問者（一般）：先生の元気の素は何かということをお聞かせ願えますか。若い頃はこういうことに気をつけていたし、今はこういうことに気をつけているとか。例えば精神衛生上のこととか食べ物のこととか何かありましたらお話いただけますでしょうか。

小柴：私はつい最近まで健康とかいうことは全然気にしていませんでした。ところが積悪の報いかどうか知りませんが、二年くらい前からリユウマチ性多発筋痛症という病気になりました。主治医の先生も原因は何だかわからないようで、ただ特効薬としてステロイド薬がよいですということでステロイド薬を二年近く飲みつづけています。

このごろ少しずつ良くなってきたかなという感じなのです。おっしゃるような健康法とかいうものは一切関係ありません。一番のぜいたくは、マッサージにかかってもんでもらうことが一番好きですね。

質問者（一般）：ありがとうございます。それと関連しないかもしれませんがいろいろ実験装置を考えられたり、独創的なカミオカンデを創られた発想とか仕事の進め方で、何かモットーとか信条とかありましたらお願いいたします。

小柴：それなら一つ申し上げることがあります。先ほど私は山勘という言葉を使いました。山勘というのは何かというと、はっきりとした根拠は示さないのだけれどこれが当たっているのではないかというひらめきですね。山勘というと人は馬鹿にします。ところが私の経験で言いますと、山勘というのは磨けば磨くほど当たる確率が大きくなりますよ。それを磨くにはどうしたらいいかというと、とことんそれを考え抜くのです。夜中にパッと目が覚めたら「あれ、こうしたらどうかな。これじゃダメだな。こうしたらどうかな」ととことんそのことばっかりを考えつめて練り上げていくと、山勘というのは結構当たるようになるのです。答になりますか。

司会者：ありがとうございます。大変良いお言葉を戴きました。折角の機会ですから他にご質問はございませんか。

質問者（高校生）：ニュートリノに質量があるのだったら、宇宙に満ちているといわれているダークマターはやはりニュートリノということになるのでしょうか。

小柴：まだそれは結論が出ていません。というのは、ダークマターと呼ばれているのは、大体星雲の観測から推測される量は光として観測される物質量より何倍も大量なのです。ところが観測されたニュートリノ質量が10電子ボルトとか20電子ボルトの大きさだったら、それだけの分量をまかなうことは可能だと計算できるのです。実際にわれわれが大気ニュートリノや太陽ニュートリノでこれくらいだろうというのは0.1電子ボルトよりもっと小さい値なのです。ですからそれだけでは足りないのです。

質問者（学生）：変なことかもしれないのですが、時間についてのことです。今があったら未来があって過去があって相対性理論によると僕らは光くらい速く飛べたら時間は普通の人より遅くなると聞いたことがあるのです。それでは時間というのはどのようなものなのでしょうか。時間にもクォークみたいな粒子みたいなものがあるのでしょうか。

小柴：そういう考えは今の物理学者は持っていません。時間というのは事象とかそういうものを記述するパラメーターの一つと考えています。ちょうど空間のx軸、y軸、z軸の3軸のように、われわれの自然現象が起こる場として3次元の空間と時間という場が与えられているのだというように考えられています。あなたは時間のことを言われたけれども、空間が何らかの理由で粒子になるとかクォークになるとかいうことは考えないでしょう。だけれど時間というのは空間と同じように事象を記述する場としての役割を果たしているわけです。なぜ時間だけが過去から未来に向かって進んでいるのかということはまた別な理由があるのです。だからあなたが言われたように時間が何らかの理由でクォークみたいなものに関係するとは物理学者は考えていません。

司会者：それではちょうど時間になってしまいました。非常に長時間で先生にはさぞお疲れのことと思います。大変すばらしいご講演をありがとうございました。ここで皆さんとともに盛大な拍手で感謝いたしたいと思います。

（拍手）

あとがきにかえて

二〇〇二年のノーベル物理学賞に輝かれた小柴昌俊先生は、二〇〇一年度仁科芳雄博士記念科学講演会でご講演くださいました。この本はそのときの講演内容を基に、小柴先生が生み出されたニュートリノ天体物理学という新しい学問に関心のある高校生や一般の人々のために構成したものです。

岡山県里庄町でお生まれになった仁科芳雄博士は、量子論の生みの親といわれるコペンハーゲンの物理学者ニールス・ボーアの下で量子物理学を学んだ物理学者です。電子と光の衝突確率を与えるクライン-仁科の公式を理論的に導いたことで世界的に知られています。

帰国後、仁科博士は理化学研究所を組織され、湯川秀樹先生や朝永振一郎先生といったノーベル賞物理学者を指導されました。また、サイクロトロンや宇宙線測定器などを用いた先端的実験物理学の分野のリーダーとして、第二次世界大戦中から終戦後の混乱の時代に孤軍奮闘されました。

その仁科博士の偉業を広く多くの皆様方に知っていただくため、そして若い優秀な人材を育てるために里庄町で

仁科芳雄博士の生家にて（撮影：笠原良一）

は科学振興仁科財団を中心として、さまざまな顕彰事業を展開してまいりました。その中でも、仁科博士の生誕一〇〇周年にあたります一九九〇年度より、毎年仁科芳雄博士記念科学講演会を開催しております。おかげさまをもちまして本年で十三回目となりますが、昨二〇〇一年にご講演いただきましたのが小柴先生でございました。

小柴先生は神岡鉱山跡の地中1,000メートルに相当する山の中にスーパーカミオカンデと呼ばれる巨大観測装置を作られ、遙か宇宙の彼方から飛来する宇宙線の中のニュートリノを解析してこられました。じつは、仁科芳雄博士も一九三六年に地中3,000メートルに相当する清水トンネルの中で宇宙線の観測実験を始めていらっしゃいます。その仁科博士を記念する科学講演会にスーパーカミオカンデによる宇宙線研究で世界をリードしてこられた小柴昌俊先生をお迎えできたことは、私どもにとりましてまことにうれしく感慨深いものがございます。

講演会場を埋め尽くした高校生を中心とする聴衆に、あのノーベル賞受賞が最初に伝えられたテレビニュースの画面一杯に映し出された満面の笑みと同じ笑顔で、先生は力強くお話くださいました。その内容は、先生ご自身がお若い頃から構想を温め、一歩一歩その実現に努力してこられたニュートリノ天体物理学についてという、非常に高度なものでした。

しかしながら、さすがニュートリノ天体物理学の先駆者としての自信にあふれ、他の誰にも真似のできない独創的な研究をしてこられた小柴先生のお話に、一同食い入るように聞き入っておりました。高校生たちもまるでブラックホールに吸い寄せられたかのように引き込まれ、三時間に及ぼうかというご講演時間があっという間に過ぎ去ったかのようでした。ときには先生が繰り出される冗談に大笑いし、またどのような質問にも大変丁寧にわかりやすく答えてくださったあの昨年の夏の日を、今もなお忘れることはできません。小柴先生のご講演が本当によき思い出となり将来の進路への大いなる指針を与えたであろうことは、講演会後に先生を取り囲んだ高校生たちの目の輝きから容易に察することができます。

今回、小柴先生の栄えあるノーベル物理学賞受賞の報に触れながら、昨年の夏に先生からいただきました感銘をただ私どもだけのものにしておくのはまことに不徳の極み。あの感銘を全国の高校生の皆さんをはじめとする多くの人たちとわかちあえてこそ、小柴先生を仁科芳雄博士記念科学講演会にお招きした私どもの役目を全うできるかと存じます。

小柴昌俊先生、ノーベル物理学賞ご受賞本当におめでとうございます。心よりお祝い申し上げます。

著者紹介

最後に小柴昌俊先生をご紹介させていただきます。

先生は大正十五年に愛知県の豊橋市でお生まれになりました。昭和二十六年三月に東京大学理学部物理学科をご卒業になられ、その後東京大学大学院、アメリカのロチェスター大学大学院に進まれました。ロチェスター大学からは欧米における博士称号であるPh.D.を、また東京大学からは理学博士を授与されておられます。また、素粒子論分野における優秀な大学院生だけが採用される湯川奨学生として、大阪大学の菊池正士先生の研究室に行かれたことからもおわかりいただけますように、小柴先生は素粒子の高エネルギー実験の分野がご専門です。神岡鉱山跡に一〇〇〇〇本以上もの光電子増倍管を周囲に配置した巨大な地下水槽を作り、陽子崩壊や宇宙ニュートリノを観測する実験装置Super-KamiokaNDE（スーパーカミオカンデ）を考案された世界的な物理学者でいらっしゃいます。ごく最近ではスーパーカミオカンデの実験により、それまで質量が0と考えられていた素粒子ニュートリノに質量があることが突き止められました。

先生はご研究だけでなく、教育の場あるいは世界的な研究組織を統率される場においてもその力を遺憾なく発揮されておいでです。昭和三十三年から六十二年にご退官されるまで、東京大学原子核研究所助教授、理学部教授、高エネルギー実験施設長、素粒子物理国際協力施設長、素粒子物理国際センター長を歴任されました。また、ご退官後は東海大学理学部教授として、さらには欧米の著名な大学・研究所に招かれ、多くの後進の指導と研究組織の運営にあたってこられました。

当然ながら、先生はノーベル物理学賞の他にも数多くの栄誉ある学術賞を受賞されておいでです。その中の幾つかだけをご紹介いたします。まずは、故仁科芳雄博士の業績にちなんで我が国の優秀な物理学者に贈られる仁科賞。もちろん、文化功労賞、学士院賞や文化勲章だけでなく、貰いにくいという定評のある朝日賞を二度も受賞されていらっしゃいます。さらに、アメリカ物理学会からはB.

Rossi 賞、当時はまだ東西ドイツに分かれておりましたがその西ドイツ大功労十字賞、東西統一なったドイツからは Humboldt 賞、イスラエルからは Wolf 賞など、外国の名誉ある賞を受賞されておいでです。

二〇〇二年十月吉日

科学振興仁科財団
岡山物理を語る会

著　者：小柴　昌俊［こしば　まさとし］
1926年,愛知県に生まれる．東京大学理学部物理学科卒,
Rochester 大学大学院修了．理学博士．
現在，東京大学名誉教授．
受賞：仁科記念賞（1987)，日本学士院賞（1989)，ノーベル物理学賞（2002）ほか．
詳細は本書「あとがきにかえて」を参照．

ようこそ天体物理学へ

2002年11月11日　第１刷発行

発行所　㈱ 海鳴社　http://www.kaimeisha.com/

〒101-0065　東京都千代田区西神田２－４－５
電話　(03) 3234-3643 (Fax共通)　3262-1967 (営業)
Eメール：kaimei@d8.dion.ne.jp　振替口座　東京00190-31709
組版：海鳴社　印刷・製本：㈱シナノ
出版社コード：1097

ISBN 4-87525-211-0